Rolf Seyfarth / Klaus Joachim Soiné

KLEINES LEXIKON ZUR TRINKWASSER-BESCHAFFENHEIT

R. Oldenbourg Verlag München Wien 1997

Die Deutsche Bibliothek – CIP-Einheitsaufnahme

Seyfarth, Rolf:
Kleines Lexikon zur Trinkwasser-Beschaffenheit / Rolf Seyfarth / Klaus Joachim Soiné. – München ; Wien : Oldenbourg, 1997

ISBN 3-486-26384-6 brosch.

Printed in Germany

Vorwort

Dieses Buch ist für alle gedacht, die sich mit Trinkwasser beschäftigen und hin und wieder Erklärungen zu Stoffen und Begriffen brauchen, – kurz und möglichst für jeden verständlich.

Unser Bemühen war, die Informationsmöglichkeiten und damit die Arbeit in Wasserwerken, in Rathäusern, bei Verbänden und Behörden, in Ingenieur- und Architekturbüros, an Hochschulen und an vielen anderen Stellen zu erleichtern.

Vielleicht gelingt es darüber hinaus, ganz allgemein die in Deutschland übliche sehr hohe Trinkwasserqualität besser bewußt zu machen und zum Verständnis für die Aufgaben beizutragen, die bei der Versorgung mit Wasser zu lösen sind.

Stuttgart, im März 1997

Prof. Dr.-Ing. Rolf Seyfarth

Prof. Dipl.-Ing. Klaus Joachim Soiné

A

Abdampfrückstand

nennt man die Summe aller im Wasser gelösten und bei der Abdampftemperatur nicht gasförmig entweichenden Stoffe. Der Wert ist nicht mehr gebräuchlich. Statt des Abdampfrückstands wird inzwischen die → Leitfähigkeit bestimmt.

Absorption

ist das Aufnehmen von Gasen durch feste oder flüssige Sorptionsmittel, wobei sich die Gase in diesen Mitteln lösen. Bei der Trinkwasseraufbereitung wird mit Hilfe der Absorption das Wasser mit Luftsauerstoff (→ Belüftung), Chlorgas (→ Desinfektion) oder Ozon (→ Desinfektion, → Oxidation) angereichert. Siehe auch → Gasaustausch.

Adsorption

nennt man die Anlagerung von Ionen oder Molekülen (z. B. von Mineralöl, Pflanzenbehandlungsmitteln, Chlorkohlenwasserstoffen) an der (inneren) Oberfläche eines anderen Stoffes infolge bestimmter physikalischer Wechselwirkungen. Der adsorbierende Stoff, das **Adsorbens,** muß über eine sehr große innere Oberfläche verfügen. Am gebräuchlichsten ist → **Aktivkohle,** aber auch aktivierte Tonerde, Kieselgur und Bims sind als Adsorbens möglich. Der Vorgang darf nicht verwechselt werden mit → Absorption.

Aerobe Vorgänge

sind Stoffwechselprozesse von Mikroorganismen, die nur bei Anwesenheit von freiem Sauerstoff ablaufen und mit Sauerstoffverbrauch verbunden sind (→ Biologische Verfahren).

Aggressive Kohlensäure → Calcit-Sättigung

Aktivkohle

ist das bei der Trinkwasseraufbereitung üblicherweise zur → Adsorption von Geruchs- und Geschmacksstoffen sowie von organischen Substanzen eingesetzte Mittel. Aktivkohle kann eingesetzt werden als Pulverkohle vor einer Filteranlage (→ Filtration) oder als Kornkohle auf oder in Filtern. Kornkohle kann nach Erschöpfung (= Beladung) regeneriert und wieder verwendet werden. Kriterien zur Beurteilung von Aktivkohle enthält das DVGW-Arbeitsblatt W 240, die technischen Lieferbedingungen sind in DIN 19603 enthalten.

Algen

sind niedere pflanzliche Organismen, ein- oder mehrzellig, können mikroskopisch klein oder – im Meer – bis 50 m lang sein, es gibt ca. 20.000 verschiedene Arten. Sie sind grün (durch Chlorophyll), braun, rot, blau (dabei ist dann Chlorophyll durch Farbstoffe überdeckt). Algen gibt es in fast allen feuchten Bereichen, selbst in heißen Quellen.

Aluminium

gewinnt in der Wasserversorgung zunehmend an Interesse seit erkannt wurde, daß durch den → sauren Regen im Boden gebundenes Aluminium freigesetzt werden kann. Höhere Aluminiumgehalte im Wasser können auf den Menschen giftig wirken, besonders Dialysepatienten sind gefährdet. Deshalb müssen auch Flockungsanlagen, bei denen man Aluminiumsalze verwendet, gut überwacht werden. Zugesetztes Aluminiumsalz muß in Form der entstandenen Flocken möglichst weitgehend zurückgehalten werden (→ Flockung).

Grenzwert nach TrinkwV 0,2 mg/l.

Aluminiumsulfat → Flockung

Ammoniak

ist ein stechend riechendes Gas (NH_3), das bei der Zersetzung von organischen Substanzen entsteht. Es löst sich leicht in

Wasser („Salmiakgeist“), wobei Ammoniumionen NH_4^+ (→ Ammonium) und Hydroxidionen OH^- (→ Hydroxide) entstehen.

Ammonium

ist Bestandteil des Stickstoffkreislaufs (→ Stickstoffverbindungen). Es sollte im Trinkwasser nicht vorhanden sein, denn es ist meist ein Hinweis auf eine massive Verunreinigung mit Jauche oder Abwasser. Nur in fast sauerstofffreien, sogenannten reduzierten Wässern kann Ammonium auf natürliche Weise vorhanden sein. Hier muß der Grenzwert nicht eingehalten werden.

Bei der Wasseraufbereitung unter Verwendung von Chlor (→ Desinfektion) verbindet sich Ammonium mit Chlor zu Chloraminen (= gebundenes Chlor). Der geforderte Gehalt an freiem Chlor nach Abschluß der Aufbereitung kann nur durch entsprechend hohe Chlorzugaben erreicht werden.

Die Entfernung von Ammonium aus Trinkwasser erfolgt in der Regel so, daß Belüftung (Oxidation) und Filtration in einem Arbeitsgang ablaufen. Luft und Wasser werden gleichzeitig durch ein Filter geschickt, ein Vorgang, den man auch **Trockenfiltration** nennt. Die Oxidation benötigt nämlich soviel Sauerstoff, daß dieser noch in tieferen Filterschichten aus der durchströmenden Luft nachgeliefert werden muß.

Mikroorganismen oxidieren das Ammonium zu Nitrat. Da der Ammoniumgehalt im Rohwasser meist nicht hoch ist, hält sich aber der Nitratanstieg im Reinwasser in Grenzen.

Eine andere Möglichkeit besteht in der Oxidation mittels Ozon, allerdings nur bei hohen pH-Werten.

Grenzwert nach TrinkwV 0,5 mg/l.

Anaerobe Vorgänge

sind Stoffwechselprozesse bestimmter Mikroorganismen, die ohne verfügbaren Sauerstoff ablaufen (→ Biologische Verfahren).

Anionen → Ionen

Antimon

ist ein Metall, das durch gewerbliche Abwässer ins Trinkwasser gelangen kann.

Das Verschlucken von Antimon und seinen schwerlöslichen Verbindungen führt selten zu gesundheitlichen Beeinträchtigungen. Aber **leichter lösliche Antimonverbindungen** (z. B. Antimonkaliumtartrat = Brechweinstein) **können schon bei Einnahme sehr kleiner Mengen tödlich sein.**

Eingeatmeter Antimonrauch kann vermutlich Herzschäden verursachen, Antimon(III)oxid erzeugt im Tierversuch Krebs.

Grenzwert nach TrinkwV 0,01 mg/l.

AOX

(Adsorbierbare organisch gebundene Halogenverbindungen) nennt man den Anteil von gelöstem organisch gebundenem → Halogen (→ DOX), der sich an → Aktivkohle adsorbieren läßt. Dieser Parameter gibt Information darüber, was aus dem Wasser durch eine Adsorptionstufe (Filtration über Aktivkohle oder Dosierung von Pulverkohle mit anschließender Filtration) an DOX entfernt werden kann.

Arsen

ist ein Metall und in den meisten Böden nachweisbar. Arsenverbindungen werden in der Industrie verwendet, früher auch für Kosmetika und Pflanzenbehandlungsmittel. In Weinbergen wurden häufig arsenhaltige Pflanzenbehandlungsmittel benutzt, die Böden wurden dort teilweise stark arsenhaltig.

Akute Vergiftungen mit Erbrechen, Durchfall, Schwäche und Kopfschmerzen können beim Menschen schon ab einer Aufnahme von 2 mg auftreten, **für den Erwachsenen sind ca. 100 mg tödlich.** Chronische Vergiftung führt zu Nervenschäden, als Spätfolgen wurden Haut- und Lungenkrebs beobachtet.

Grenzwert nach TrinkwV 0,01 mg/l.

Asbest

ist ein faseriges Mineral mit hoher Zugfestigkeit, das in der Vergangenheit in großem Umfang für die Herstellung des Werkstoffs **Asbestzement** (AZ) verwendet wurde. Daraus sind u. a. Druckrohre für Trinkwasserleitungen produziert worden.

Seit erkannt worden ist, daß der eingeatmete Asbest-Feinststaub, der z. B. bei unachtsamer Bearbeitung des Materials entsteht, Lungenkrebs verursachen kann, ging die Verwendung von Asbestzement in Deutschland nach und nach völlig zurück. Das „Inverkehrbringen“ von Asbest und damit auch von Asbestzementerzeugnissen ist in Deutschland inzwischen schon seit Jahren verboten.

Aufbereitung → Wasseraufbereitung

Aufhärtung

Sehr weiche Wässer mit sehr geringem Gehalt an Calcium und Magnesium (z.B. Talsperrenwässer), haben korrosionschemisch ungünstige Eigenschaften und sehr hohe → pH-Werte, mitunter über dem oberen Grenzwert der TrinkwV (9,5).

Sie müssen aufgehärtet werden, indem sie mit Kohlensäure begast und anschließend durch → Filtration über gekörntes Calciumcarbonat (z.B. Jurakalk) oder über → halbgebrannten Dolomit oder durch Dosieren von → Kalkmilch oder → Kalkwasser in den Zustand der → Calcit-Sättigung gebracht werden. Dabei nehmen die Konzentrationen an Calcium (bei Verwendung von halbgebranntem Dolomit auch an Magnesium) sowie an Hydrogencarbonat zu.

B

Bakterien

sind pflanzliche Organismen. Sie kommen überall vor, auch im Trinkwasser, und können mit dem Wasser verbreitet werden.

Nur ein kleiner Teil der Bakterien sind Krankheitserreger, die allerdings sehr gefährlich sein können, beispielsweise Salmonellen als Verursacher von Typhus und Paratyphus oder Shigellen als Verursacher von Ruhr.

Zu beachten ist, daß auch nach dem Abtöten von Bakterien (→ Desinfektion) Gesundheitsschäden durch → Toxine auftreten können, die von den Bakterien gebildet worden sind und durch die Desinfektion nicht beseitigt werden. Siehe auch → Coli-Bakterien und → Koloniezahl.

Bakteriologische Wasseruntersuchung

→ Wasseruntersuchung

Barium

wird in etlichen Bereichen der Industrie verwendet und kann über Abwässer ins Trinkwasser gelangen. Alle löslichen Bariumverbindungen sind giftig.

Grenzwert 1,0 mg/l.

Basekapazität

(Abkürzung $K_{B\ 8,2}$) ist die Menge an Lauge (= Base) bestimmter Konzentration, die erforderlich ist, um den pH-Wert einer bestimmten Wasserprobe auf 8,2 zu bringen. Dieser Analysenwert wird für verschiedene wasserchemische Berechnungen gebraucht. Er ist näherungsweise auch ein Maß für den Gehalt des Wassers an gelöster Kohlensäure.

Basen

Basen (= Laugen) entstehen, wenn die Oxide der → Alkali- und Erdalkalimetalle mit Wasser reagieren; dabei bilden sich OH^--Ionen (= Hydoxide). Bekannte Basen sind Natronlauge $NaOH$, Kalilauge KOH und Calciumhydroxid $Ca(OH)_2$ („Gelöschter Kalk").

Becquerel, Bq

ist die Maßeinheit für die → Radioaktivität. Ein Becquerel bedeutet einen Zerfall eines Atomkerns pro Sekunde. Bei Wasser wird das Ergebnis einer Messung üblicherweise auf 1 Liter bezogen.

Schlüsse auf mögliche Gewebeschädigungen können aus diesen Meßergebnissen allerdings nicht gezogen werden, da sie nichts über die Art der entstandenen Strahlung, die Entfernung der Strahlenquelle vom Gewebe und die Dauer der Exposition aussagen.

Bedarfsgegenstände → Lebensmittelgesetz

Belüftung von Wasser,

z. B. mit Hilfe von Strahlapparaten (Strahlpumpen), ist eine einfache Möglichkeit, um unerwünschte Gase, beispielsweise überschüssige Kohlensäure, aus dem Wasser zu entfernen (= Strippen). Siehe auch → Gasaustausch.

Biologische Verfahren zur Wasserreinigung

Die Stoffwechselprozesse von Mikroorganismen können gezielt zur Entfernung bestimmter Stoffe aus dem Wasser eingesetzt werden. Bei Anwesenheit von Sauerstoff (→ aerobe Vorgänge) können Eisen, Mangan, Ammonium und eine Reihe organischer Verbindungen oxidiert und abscheidbar gemacht werden. Bei Abwesenheit von Sauerstoff (→ anaerobe Vorgänge) können Nitrat und Nitrit zum unschädlichen gasförmigen Stickstoff reduziert werden (Denitrifikation).

Diese mikrobiologischen Vorgänge können im Untergrund ablaufen oder, wie im Fall der Denitrifikation, in einem sogenannten **Bio-Reaktor.** Dies ist ein Kessel mit einer Füllung, die sich zur Besiedelung durch Mikroorganismen eignet, z. B. Aktivkohle, Styroporkügelchen oder wabenförmige Einbauten. Was die Mikroorganismen zusätzlich zum Stoffwechsel brauchen, muß zudosiert werden. Neuerdings gibt es Kunststoffkügelchen, die die erforderlichen Nährstoffe enthalten. Sie werden langsam aufgezehrt und müssen von Zeit zu Zeit ergänzt werden.

Blausucht → Stickstoffverbindungen

Blei

ist im Untergrund weit verbreitet, vor allem in der Umgebung bleiverarbeitender Betriebe. Es wird für die Herstellung von Akkumulatoren verwendet, für Bleirohre, Bleimantelkabel und Pigmente (Bleiweiß und Bleimennige). In verschiedenen Bundesländern sind bei Altbauten für Anschlußleitungen und Hausinstallationen noch Bleirohre eingebaut.

Organische Bleiverbindungen werden dem Benzin zum Teil noch als Antiklopfmittel zugesetzt. Durch den Kraftfahrzeugverkehr kommt deshalb z. Zt. noch am meisten Blei in die Umwelt.

Die Bleibelastung der Bevölkerung ist hoch, die Aufnahme erfolgt vorwiegend über Lebensmittel. Akute Bleivergiftungen ergeben Koliken und Krämpfe, Bleiblässe und Bleiablagerungen am Zahnfleischrand. Leichtere Fälle äußern sich durch Schlaflosigkeit, Reizbarkeit, Konzentrationsmangel, Apathie.

Der Grenzwert nach der TrinkwV beträgt 0,04 mg/l.

Bor

kommt in der Natur nur als Oxid in Form zahlreicher Mineralien vor. Borgehalte im Grundwasser deuten auf Infiltration von Abwasser oder verunreinigtem Oberflächenwasser hin, weil viele Waschmittel Borverbindungen als Bleichmittel enthalten. Bor ist in Spuren wichtig für Pflanzen, bei einer Konzentration ab 0,13 mg/l werden aber bereits Grünalgen geschädigt. Beim Menschen können Borverbindungen, besonders wenn sie durch Wunden und Schleimhäute aufgenommen werden, akute Vergiftungen verursachen.

Der Grenzwert nach TrinkwV beträgt 1 mg/l.

Brauchwasser

ist Wasser, das nicht den Anforderungen an Trinkwasser genügt und für meist gewerbliche Zwecke verwendet wird. Es kann aufbereitet sein, dann aber nur auf den jeweiligen Zweck ausgerichtet.

Bundes-Seuchengesetz

Dieses Gesetz vom 18.07.1961, in der seit dem 01.01.80 geltenden Fassung, dient zusammen mit dem → Lebensmittelgesetz als rechtliche Grundlage für die Trinkwasserverordnung. Es befaßt sich im weiteren Sinne mit der Verhütung übertragbarer Krankheiten. Da dem Trinkwasser hierbei eine überragende Bedeutung zukommt, definiert das Bundes-Seuchengesetz in § 11 die Beschaffenheit von Trinkwasser wie folgt: „Trinkwasser sowie Wasser für Betriebe, in denen Lebensmittel gewerbsmäßig hergestellt oder behandelt werden oder die Lebensmittel gewerbsmäßig in den Verkehr bringen, muß so beschaffen sein, daß durch seinen Genuß oder Gebrauch eine Schädigung der menschlichen Gesundheit, insbesondere durch Krankheitserreger, nicht zu besorgen ist." „..... Wassergewinnungs- und Wasserversorgungsanlagen........ unterliegen insoweit der Überwachung durch das Gesundheitsamt".

Näheres über die Art dieser Überwachung und die sich daraus ergebenden Pflichten des Betreibers der Wasserversorgungsanlage (z.B. Umfang und Häufigkeit von Trinkwasser-Untersuchungen) sind in der Trinkwasserverordnung geregelt. Sie ist eine Durchführungsverordnung zum Bundes-Seuchengesetz.

C

Cadmium

ist in der Erdrinde relativ selten. Es fällt als Nebenprodukt bei der Zinkgewinnung an und wird in der Auto-, Farben- und Kunststoffindustrie sowie für Batterien, Photozellen und in Kernreaktoren verwendet. In Ackerböden wird es über cadmiumhaltige Phosphatdünger und über Klärschlamm eingebracht.

Im Körper wird Cadmium in der Leber und den Nieren angelagert. Nierenschäden und Knochendeformationen können die Folge sein.

Der Grenzwert nach der TrinkwV beträgt 0,005 mg/l.

Calcit

ist die in der Natur bei weitem häufigste Form von → Calciumcarbonat.

Calcit-Sättigung

wurde früher als **Kalk-Kohlensäure-Gleichgewicht** bezeichnet und beschreibt einen sehr wichtigen Zustand im Wasser, bei dem Kalk weder gelöst noch abgeschieden wird.

Kohlensaurer Kalk $CaCO_3$ (Calciumcarbonat) ist kaum wasserlöslich; Kohlensäure kann ihn aber auflösen, wobei Calciumionen und Hydrogencarbonationen nach folgender Gleichung entstehen:

$$Ca\,CO_3 + CO_2 + H_2O \leftrightarrow Ca^{2+} + 2\,HCO_3^-$$

Wie bei jeder reversiblen chemischen Reaktion gibt es ein „dynamisches Gleichgewicht“, bei dem die Reaktionsgeschwindigkeit in beiden Richtungen (Hin- und Rückreaktion) gleich ist. Dieser Zustand setzt ein ganz bestimmtes Verhältnis der Konzentrationen von Kohlensäure, Calcium und Hydrogencarbonat voraus.

Inzwischen verwendet man dafür den Begriff Calcit-Sättigung. Der Zustand kann mit Hilfe der sogenannten Tillmans-Gleichung mathematisch beschrieben werden, so daß es möglich ist, die für die Calcit-Sättigung erforderliche Kohlensäurekonzentration zu berechnen. In die Tillmans-Gleichung gehen auch die Temperatur des Wassers und die sogenannte Ionenstärke ein, d. i. ein Wert, der durch Konzentration und Ladungszahl aller im jeweiligen Wasser gelösten Stoffe bestimmt ist.

Enthält ein Wasser mehr Kohlensäure als dem Gleichgewicht entspricht (Kohlensäure-Überschuß, „aggressive Kohlensäure"), ist das Wasser **kalklösend,** wenn weniger Kohlensäure im Wasser vorhanden ist, dann besteht die Tendenz, **Kalk abzuscheiden.**

Entsprechend der TrinkwV darf Trinkwasser in fast allen praktischen Fällen nicht calcitlösend sein (→ pH-Wert). Calcitlösendes Wasser kann nämlich kalkhaltige Werkstoffe wie Beton, Kalk- und Zementmörtel sowie Faserzement (auch Asbestzement) angreifen und zerstören; außerdem kann es die Ausbildung korrosionshemmmender Deckschichten (Schutzschichten) auf metallischen Oberflächen verhindern (→ Korrosion). **Überschüssige Kohlensäure muß auf jeden Fall aus dem Wasser entfernt werden (→ Entsäuerung).**

Dies ist auch bei der → Mischung von Wässern zu beachten, die sich in ihrem Salzgehalt, insbesondere ihrer Härte, unterscheiden. Das Mischwasser ist auch dann meist calcitlösend, wenn jedes der Ausgangswässer im Zustand der Calcit-Sättigung war.

Die Konstante in der Tillmans-Gleichung (zur Berechnung der für das Gleichgewicht notwendigen CO_2-Menge) ist temperaturabhängig. Ein im Gleichgewicht befindliches Wasser wird **bei Temperaturerhöhung kalkabscheidend (Kesselsteinbildung).**

Die **Zugabe von Phosphaten** ändert am Kohlensäuregehalt eines Wassers nichts. Die Phosphate können aber einerseits die

Bildung dichter, korrosionshemmender Deckschichten fördern (→ Korrosionsinhibitor), andererseits können Polyphosphate bei calcitabscheidenden Wässern den Kalkausfall verzögern oder weitgehend verhindern.

Calcium

ist das dritthäufigste Element in der Erdkruste. Ganze Gebirge sind aus Calciumcarbonat aufgebaut; auch in Form von Calciumsulfat (Gips) bildet es große Lagerstätten.

Calcium ist in Knochen und Zähnen enthalten und spielt eine wichtige Rolle im Zellstoffwechsel, bei der Blutgerinnung und bei der Muskelkontraktion. Es gibt Calciummangel- und Calciumüberschußkrankheiten. Dennoch ist der Calciumgehalt des Trinkwassers medizinisch von untergeordneter Bedeutung.

Grenzwert nach TrinkwV 400 mg/l (entspr. rund 56° dH).

Calciumcarbonat

(= Kalkstein) kann in verschiedenen Kristallformen auftreten, die sich in ihren physikalisch-chemischen Eigenschaften, vor allem ihrer Löslichkeit, unterscheiden. Bei weitem am häufigsten ist Calcit (z. B. Jurakalk). Andere Formen von Calciumcarbonat sind Aragonit und Vaterit.

Carbonate

heißen die Salze der → Kohlensäure. Kalkstein (Calciumcarbonat, → Calcit) und Dolomit (Calcium- und Magnesiumcarbonat) bilden mächtige geologische Formationen. Sehr bekannt ist auch das Natriumcarbonat (Soda).

Das Carbonat-Ion entsteht beim Lösen dieser Salze im Wasser, Calciumcarbonat (Calcit) ist allerdings in Wasser sehr schwer löslich, Dolomit ist schwer löslich. Die Löslichkeit wird besser, wenn das Wasser sauer ist, also z.B. Kohlensäure enthält. → Calcit-Sättigung.

Chlor → Desinfektion

Chlorbleichlauge (Natriumhypochlorit) → Desinfektion

Chlordioxid → Desinfektion

Chloride

sind die Salze der Salzsäure. Sie können im Wasser im Bereich von Salzlagerstätten, also geologisch bedingt auftreten, aber auch auf Streusalz, Mineraldünger oder eine (u. U. faekale) Verunreinigung zurückzuführen sein. Chloride (z. B. Kochsalz NaCl) in größeren Mengen beeinträchtigen den Geschmack eines Wassers und können Korrosion verursachen. Ein Zusammenhang zwischen Kochsalz-Aufnahme und Bluthochdruck ist vermutlich auf das Natrium zurückzuführen.

Die Entfernung von Chloriden ist zwar technisch kein Problem, für öffentliche Wasserversorgungsanlagen aber in der Regel wegen der hohen Kosten nicht möglich.

Grenzwert nach TrinkwV 250 mg/l.

Chlorierte Kohlenwasserstoffe CKW

→ Organische Chlorverbindungen

Chlorit

ist das Anion der chlorigen Säure. Ihr Natriumsalz, $NaClO_2$, wird zur Herstellung des Desinfektionsmittels Chlordioxid verwendet und kann – wenn die Umsetzung wegen eines Defektes in der Anlage nicht vollständig erfolgt – ins Trinkwasser gelangen. Außerdem kann es zur Rückbildung von Chlorit aus Chlordioxid kommen. Die TrinkwV hat deshalb in Anlage 3 einen Grenzwert für Chlorit aufgenommen; er beträgt 0,2 mg/l.

Chloroform

„Mit Chloroform extrahierbare Stoffe" (TrinkwV, Anlage 4) sind ein Summenparameter, der vor allem in Fett lösliche organische Substanzen umfaßt. Diese können zwar zum Teil von toxikologischer Bedeutung für Mensch und Umwelt sein, dennoch ist dieser Parameter kaum aussagekräftig, zumal es in Deutschland kein genormtes Analysenverfahren dafür gibt.

Der Grenzwert für die mit Chloroform extrahierbaren Stoffe beträgt laut TrinkwV 1 mg/l, berechnet als Abdampfrückstand.

Chrom

Chrom ist ein Spurenelement der Erdkruste und für den Menschen lebenswichtig. Größere Mengen können aber Gesundheitsschäden hervorrufen.

Der Grenzwert nach der TrinkwV beträgt 0,05 mg/l.

CKW

Abkürzung für „Chlorierte Kohlenwasserstoffe" → Organische Chlorverbindungen.

Coli-Bakterien (auch Kolibakterien)

Zu unterscheiden ist zwischen Escherichia coli, coliformen Keimen und pathogenen Coli-Bakterien.

Escherichia coli (= E. coli = „echte" Coli) gehören obligat zur Darmflora des Menschen und der anderen Warmblütler, werden regelmäßig in sehr großer Zahl ausgeschieden und bei der Wasseruntersuchung als Kontrollorganismus benutzt.

Ihr Vorhandensein ist Nachweis für den Kontakt mit Fäkalien, so daß die Verunreinigung mit → Krankheitserregern nicht auszuschließen und das Wasser ohne → Desinfektion (Entkeimung) als Trinkwasser nicht geeignet ist.

Zur Gruppe der **koliformen Keime** gehören auch Bakterien, die nicht ausschließlich auf fäkale Verschmutzung zurückzuführen sind.

Pathogene Coli-Bakterien können Ursache für verschiedene, u. U. schwere Erkrankungen sein.

Die → Trinkwasserverordnung legt die Anzahl der zu untersuchenden Proben (jeweils 100 ml) je nach Wasserabgabemenge fest. E. coli dürfen in den Trinkwasserproben nicht vorhanden sein (Grenzwert). Für coliforme Keime ist der gleiche Grenzwert festgelegt, er gilt aber als eingehalten, wenn in 95 % von mindestens 40 Proben coliforme Keime nicht nachweisbar sind.

Cryptosporidien → Giardien

Cyanid

Cyanid ist das einwertige Anion der Blausäure. Cyanide kommen in der Natur vor, z.B. in bitteren Mandeln oder Obstkernen. Sie werden auch technisch hergestellt und finden Verwendung bei der Metallgewinnung und Metallverarbeitung sowie in der chemischen Industrie. Cyanidhaltiger Handelsdünger wirkt herbizid (Unkraut vernichtend), Cyanid ist auch in einigen Pflanzenschutzmitteln enthalten.

Blausäure ist stark giftig, 1 mg davon je kg Körpergewicht ist tödlich. Cyanide können durch den Magen, die Lunge, die Haut und vor allem die Schleimhäute aufgenommen werden.

Der Grenzwert nach der TrinkwV beträgt 0,05 mg/l.

D

Denitrifikation

→ Biologisches Verfahren zur Entfernung von Nitrat und Nitrit aus dem Wasser.

Desinfektion

bezeichnet die Abtötung von Mikroorganismen und ist bei Trinkwasser dann zwingend notwendig, wenn → Coli-Bakterien, → Fäkalstreptokokken oder hohe → Kolonienzahlen auftreten.

Als Desinfektionsmittel stehen u. a. Chlorgas, Natriumhypochlorit, Chlordioxid oder → Ozon zur Verfügung. Auch → UV-Bestrahlung ist bei Einhaltung bestimmter Voraussetzungen einsetzbar.

Da die Desinfektion immer die letzte (oder einzige) Aufbereitungsstufe ist, dürfen dabei in Wechselwirkung mit organischen Wasserinhaltsstoffen keine Produkte entstehen, die ihrerseits gesundheitlich bedenklich sind oder das Keimwachstum fördern.

Bestimmte Huminstoffe können beispielsweise mit **Chlor** sogenannte → **Haloforme** bilden, eine organische Stoffgruppe, deren bekanntester Vertreter das Chloroform ist und für die wegen ihres gesundheitsgefährdenden Potentials in Anlage 3 der Trinkwasserverordnung ein Grenzwert besteht. Vermeiden läßt sich dieser unerwünschte Effekt, wenn die Chlordosis nicht höher gewählt wird, als zur Desinfektion nötig ist und die organischen „Vorläufer“-Substanzen vorher entfernt werden. Chlor darf aus diesem Grund nicht mehr als Oxidationsmittel (also in höherer Konzentration) eingesetzt werden.

Chlor reagiert mit Ammonium zu sogenannten Chloraminen. Diese stellen das **„gebundene Chlor“** dar und haben in gewissem Umfang ebenfalls eine desinfizierende Wirkung. Der in der Trinkwasserverordnung geforderte Restgehalt an **„freiem Chlor“** von 0,1 mg/l nach Abschluß der Aufbereitung ist bei ammoniumhaltigem Trinkwasser nur bei entsprechend hohen Chlorzugabemengen zu erreichen. Dabei muß beachtet werden, daß die Chlor-Zugabemenge entspr. Anlage 3 der TrinkwV begrenzt ist. Nötigenfalls muß der Ammoniumgehalt des Wassers durch geeignete Aufbereitungsmaßnahmen vermindert werden.

Für die desinfizierende Wirkung des Chlors ist es übrigens unerheblich, ob es in Form von Chlorgas oder von Chlorbleichlauge (Natriumhypochlorit) zugesetzt wird. Chlorgasanlagen sind teurer als die einfachen Dosieranlagen für Chlorbleichlauge und die Unfallgefahr ist größer. Andererseits ist der Preis von Chlorgas günstiger als der von Chlorbleichlauge. Bei kleinen Anlagen ist der Einsatz von Chlorbleichlauge wirtschaftlicher, bei großen Anlagen der von Chlorgas.

Grenzwert entspr. TrinkwV nach der Aufbereitung 0,3 mg/l freies Chlor.

Chlordioxid geht – soweit bis jetzt bekannt – keine toxischen Verbindungen mit organischen Stoffen ein und reagiert auch nicht mit Ammonium.

Es wirkt relativ lange im Netz nach, wird aber im Laufe der Zeit zu → Chlorit, Chlorat und Perchlorat umgewandelt, also zu Verbindungen mit durchaus toxischem Charakter. Die erlaubte maximale Zugabemenge liegt deshalb deutlich unter dem für Chlor zulässigen Wert.

Grenzwert entspr. TrinkwV nach der Aufbereitung 0,2 mg/l ClO_2.

Während die keimtötente Wirkung bei Chlor mit zunehmenden pH-Werten abnimmt, bleibt sie bei Chlordioxid auch bei hohen pH-Werten voll erhalten. Geruch und Geschmack werden bei Chlordioxid weniger störend empfunden als bei der gleichen Konzentration von Chlor.

Die ordnungsgemäße Desinfektion von Trinkwasser setzt sowohl bei Chlor als auch bei Chlordioxid eine **Einwirkungs-**

zeit des Desinfektionsmittels von 15 bis 30 Minuten voraus. Reicht die Fließzeit des Wassers bis zum ersten Abnehmer dafür nicht aus, so muß ein entsprechend großer Verweilbehälter vorhanden sein.

Bei der **Bestrahlung** des Wassers mit **ultraviolettem Licht** erfolgt die Desinfektion augenblicklich. Schädliche Reaktionsprodukte entstehen nach derzeitigem Kenntnisstand nicht. Allerdings gibt es auch keinerlei Nachwirkung im Netz.

Die Veränderungen, welche → **Ozon** als Oxidationsmittel an organischen Substanzen bewirkt, machen es meistens als Desinfektionsmittel in einer letzten oder einzigen Aufbereitungsstufe ungeeignet, obwohl es wohl das beste Mittel zur Abtötung von Bakterien und Viren ist. Natürliche organische Wasserinhaltsstoffe können durch Ozon so verändert werden, daß sie biologisch besser abbaubar sind und es dadurch zu Aufkeimungen im Netz kommen kann.

Detergentien → Oberflächenaktive Stoffe

Deutsche Härtegrade → Wasserhärte

Dioxine

Bezeichnung für ein Gruppe ringförmiger organischer Verbindungen, die neben Chlor auch zwei Sauerstoffatome enthalten („Dioxin“). Speziell das Tetrachlordibenzodioxin (abgek. TCDD) hat als sog. **Seveso-Gift** eine traurige Berühmtheit erlangt. Es ist hochgiftig, verursacht u.a. Chlorakne, Mißbildungen sowie Krebs. Je nach Prozeßführung kann es bei Verbrennungsvorgängen, u.a. bei der Müllverbrennung, entstehen und die Luft sowie die umliegenden Böden verseuchen und alles was auf diesen Böden wächst.

Dissoziation → Ionen

DOC

Dissolved Organic Carbon in g C/m³ (Gelöster organischer Kohlenstoff). DOC umfaßt den Kohlenstoff, der in allen im Wasser gelösten organischen Verbindungen enthalten ist, stellt also **eine** Möglichkeit dar, die Summe aller organischen Verbindungen auszudrücken.

DOCl

(gelöstes organisch gebundenes Chlor) nennt man die Teilmenge von gelösten organischen Verbindungen, die gebundenes Chlor enthält. Siehe auch → DOX und → Organische Chlorverbindungen.

Dosieren von Zusatzstoffen

Verschiedene Wasser-Aufbereitungsverfahren erfordern den durchflußproportionalen Zusatz bestimmter Stoffe (= Dosierung).

Gase, z.B. Chlorgas, Ozon oder Kohlenstoffdioxid, werden meist mit Injektoren in einem Teilstrom des Wassers gelöst und dieser dann dem Hauptstrom u.U. mit Hilfe von Pumpen beigemischt.

Flüssige Stoffe, z.B. Chlorbleichlauge, Polyaluminiumchlorid, Natronlauge oder Natriumchlorit (letzteres zur Chlordioxiderzeugung) müssen gegebenenfalls vor der Dosierung verdünnt werden.

Leichtlösliche feste Stoffe, z.B. Aluminiumsulfat, EisenIII-chlorid, Phosphate oder Kaliumpermanganat, können chargenweise in Behältern angesetzt werden (möglichst mit Rührwerk). Es ist aber auch üblich, die Lösungen **kontinuierlich** herzustellen mit Hilfe von sogenannten **Trockendosierern.** Für alkalisch reagierende Lösungen ist hartes Wasser allgemein nicht geeignet, weil die Härtebildner als Schlamm ausfallen können.

Eine Sonderstellung nehmen die als → Flockungshilfsmittel eingesetzten Polyacrylamide ein. Sie sind zwar leicht löslich, in dosierfähiger Verdünnung aber nur sehr kurz haltbar; außerdem neigen sie beim Kontakt mit Wasser zum Klumpen, und die Stammlösung benötigt eine gewisse Reifezeit. Dies hat zur Entwicklung von besonderen, mehrstufigen Lösungsbereitern geführt.

Schwerlösliche feste Stoffe, wie z.B. Kalkhydrat, werden entweder als Suspension mit bestimmter Dichte **(Kalkmilch)** angerührt und direkt dosiert; oder es wird mit Hilfe eines **Sättigers** eine gesättigte Lösung von Calciumhydroxid **(„Kalkwasser")** hergestellt und diese dosiert. Die Konzentration der gesättigten Lösung ist nur von der Wassertemperatur abhängig.

Unlösliche feste Stoffe in Pulverform, z.B. Aktivkohle, werden als → Suspension dosiert, wobei es zur Herstellung der Suspension verschiedene Hilfsaggregate gibt.

Zum Dosieren ist nicht in jedem Fall eine Dosierpumpe nötig, für einige Zwecke sind Geräte verfügbar, die ohne Stromanschluß auskommen.

Die Güteanforderungen an die Zusatzstoffe (Technische Lieferbedingungen) sind in DIN-Vorschriften festgelegt.

DOX

(gelöstes organisch gebundenes Halogen) ist eine Stoffgruppe gelöster organischer Verbindungen, welche die → Halogene Fluor, Chlor, Brom und/oder Jod enthalten (→ AOX, → DOCl, → Haloforme).

DVGW

Deutscher Verein des Gas- und Wasserfachs e. V., Josef-Wirmer-Straße 1–3, 53123 Bonn

E

„Echte“ Coli → Coli-Bakterien

E. coli → Coli-Bakterien

Escherichia coli → Coli-Bakterien

Eisen

kann im Wasser bei fehlendem Sauerstoff gelöst in Form von EisenII-Ionen vorhanden sein. Sobald Sauerstoff zur Verfügung steht, bildet sich EisenIII-Hydroxid $Fe(OH)_3$, das kaum wasserlöslich ist und als rötlich-brauner, flockiger, leichter Schlamm ausfällt. Dies ist in der Regel die Ursache für entsprechende Wasserfärbungen, die beim Verbraucher (meist nur für kurze Zeit, aber wiederholt) auftreten können.

Das EisenII-Ion kann vom Wasser im Untergrund aufgenommen worden oder durch → Korrosion von Eisen (Rohrleitungen!) entstanden sein. Siehe auch → Enteisenung.

Grenzwert 0,2 mg/l.

Eisenbakterien

Eisen- und Manganbakterien kommen in sauerstoffarmen und sauerstoffreien Grundwässern vor, wo sie ihren Stoffwechsel damit aufrecht erhalten, daß sie gelöstes Eisen und Mangan (Fe^{2+} bzw. Mn^{2+}) oxidieren und damit in unlösliche Eisen- bzw. Manganoxide überführen. Dies kann zur Verockerung von Grundwasserbrunnen führen, wobei die Schlitze der Brunnenrohre allmählich verstopft werden. Positiv können Eisen- und Manganbakterien sich in Filteranlagen zur → Enteisung und Entmanganung auswirken, indem sie die Abscheidung unterstützen.

Elektrodialyse

ist ein Wasseraufbereitungsverfahren, bei dem im Wasser gelöste Salze unter dem Einfluß von elektrischem Strom ausgeschieden werden. → Entsalzung.

Wie bei der → Umkehrosmose handelt es sich um ein Membranverfahren. Die hier verwendeten Membranen sind jedoch ionenselektiv, d.h. sie sind entweder nur für Kationen oder nur für Anionen durchlässig und bestehen praktisch aus dem gleichen Material wie Ionenaustauscher in Körnchenform.

Wenn man in entsprechenden Kammern parallel zum Wasserstrom abwechselnd kationen- und anionendurchlässige Membranen anordnet und senkrecht dazu ein elektrisches Feld aufbaut, kann man eine Teilentsalzung des durchströmenden Wassers erreichen.

Enteisenung und Entmanganung (→ Eisen und → Mangan)

erfordern zumindest die Aufbereitungsschritte → Oxidation und → Filtration. Bei hohen Eisenkonzentrationen kann eine zwischengeschaltete Sedimentation die Filteranlage entlasten. Da bei der Entfernung von Eisen und Mangan meist auch Mikroorganismen beteiligt sind (eisen- und manganoxidierende Bakterien), kann als letzte Stufe eine Desinfektion notwendig werden.

Die Oxidation wird meist mit Luftsauerstoff (→ Gasaustausch), in besonderen Fällen auch mit Ozon vorgenommen. Oft hat sich bewährt, anschließend zwei Filter oder zwei Filtergruppen nacheinander anzuordnen, wobei in der ersten Filterstufe hauptsächlich die Abscheidung der Eisenhydroxidflocken erfolgt, in der zweiten die des Manganoxids. Im Filter können zusätzlich biologische und/oder chemische Vorgänge ablaufen, die die Eisen- und Manganabscheidung begünstigen (→ Eisenbakterien).

Die Filter brauchen vor allem für das Manganoxid Einarbeitungszeit. Die Zudosierung von Kaliumpermanganat in geringem Maß kann dabei hilfreich sein. Je nach Beladung müssen sie regelmäßig rückgespült werden.

Enthärtung

Die (teilweise) Entfernung der Härtebildner Calcium und Magnesium wird **Enthärtung** genannt, meist versteht man darunter aber nur den Austausch dieser beiden Ionen gegen Natrium mittels Kationenaustausch (→ Ionenaustausch).

Ist allerdings der Kationenaustauscher mit einer Säure regeneriert worden, so werden bei der Enthärtung die Härtebildner Calcium und Magnesium gegen Wasserstoffionen ausgetauscht. Diese Wasserstoffionen verbinden sich mit den Hydrogencarbonationen zu Kohlensäure, die sich durch einfache Belüftung aus dem Wasser entfernen läßt. Das Wasser wird „entkarbonisiert".

Eine **Entkarbonisierung** mittels → Fällung erreicht man, wenn das Wasser durch Zusatz von Kalkhydrat (seltener von Natronlauge) in einen Zustand starker Calcitabscheidungstendenz gebracht wird. Das sich bildende Calciumcarbonat kann als Schlamm sedimentiert oder – bei der sog. **Schnellentkarbonisierung** – an Kristallisationskerne (Sandkörnchen) angelagert werden. Die wachsenden Körner werden von Zeit zu Zeit aus dem Reaktor abgezogen.

In beiden Fällen muß sich eine Filteranlage anschließen, ebenso eine Dosiereinrichtung zur Einstellung der → Calcit-Sättigung. Der Aufwand für die Enthärtung ist in jedem Falle erheblich.

Entkarbonisierung → Enthärtung

Entkeimung → Desinfektion

Entkeimungsmittel → Desinfektion

Entmanganung → Mangan → Enteisenung

Entsalzung

Wenn außer Calcium, Magnesium und Hydrogencarbonat (→ Enthärtung) noch andere Ionen aus dem Wasser entfernt werden, spricht man von Entsalzung. Je nach Aufgabenstellung und Wasserzusammensetzung können hierzu der → Ionenaustausch, die → Umkehrosmose und die → Elektrodialyse eingesetzt werden.

Diese Verfahren benötigen je nach Wasserqualität eine z.T. mehrstufige Voraufbereitung und als Nachaufbereitung die Einstellung der → Calcitsättigung, außerdem eine Desinfektion. Große Schwierigkeiten kann die Entsorgung der meist als hochkonzentrierte Salzlösungen anfallenden Abwässer bereiten.

Entsäuerung → Calcit-Sättigung

Zur Vermeidung von Korrosionschäden und zur Einhaltung der Vorschriften für den pH-Wert (Trinkwasserverordnung, Anlage 4) kann es erforderlich sein, zu entsäuern, d.h. einen Teil der freien Kohlensäure zu entfernen.

Dafür gibt es folgende Möglichkeiten:

a) **Belüftung** z. B. mit Hilfe von Strahlpumpen (→ Gasaustausch). Die Wirkungsgrade der Belüftungsverfahren und der Umstand, daß Luft selbst etwas Kohlenstoffdioxid enthält, begrenzt diese Methode, so daß sie für sehr weiche Wässer allein nicht zum gewünschten Ziel führt.

b) Die Dosierung von **Natronlauge** ist apparativ einfach. Sind größere Mengen Kohlensäure zu neutralisieren, so kann der Natriumgehalt im Trinkwasser dabei unerwünscht hohe Werte annehmen.

c) Die Entsäuerung mit **Kalkhydrat** ist aufwendiger, weil zunächst → Kalkmilch und Kalkwasser bereitet werden müssen. Nebeneffekt ist ein Ausstieg der Karbonathärte und der Gesamthärte (→ Wasserhärte). Deshalb wird diese Methode nur dann angewandt, wenn die → Aufhärtung erwünscht ist.

d) Auch die Filtration des zu entsäuernden Wassers über **dolomitisches Filtermaterial („Halbgebrannter Dolomit“)**

führt zu einer Aufhärtung, wobei zusätzlich zu Calcium und Hydrogencarbonat auch Magnesium ins Wasser gelangt.

e) Die weitestgehende Aufhärtung erzielt man bei der Entsäuerung mittels gekörntem **Calciumcarbonat** (z.B. Weißjura-Epsilon). Diese Methode ist die einzige, bei der sich der Zustand der Calciumcarbonatsättigung von selbst einstellt, richtige Dimensionierung der Filter vorausgesetzt. Bei allen anderen Verfahren muß der Effekt durch pH-Wert-Messung zumindest überwacht werden, besser ist eine Regelung über eine pH-Wert-Sollvorgabe.

Die technischen Lieferbedingungen für Weißkalk und dolomitisches Filtermaterial sind in DIN-Normen festgelegt. Technische Einzelheiten der Entsäuerung siehe auch DVGW-Arbeitsblatt W 214.

Erdalkalimetalle

sind eine Gruppe von Metallen zu der die beiden Härtebildner Calcium Ca und Magnesium Mg gehören. → Wasserhärte.

Eutrophierung

bezeichnet die (in der Regel unerwünschte) Zunahme von Pflanzenwachstum (besonders Algen) in Gewässern aufgrund der Erhöhung des Nährstoffangebots. Beispielsweise kann die Einleitung von phosphathaltigen Abwässern in Seen zu stark vermehrtem Algenwachstum und schließlich, wenn die Algen in Massen absterben, zu verringertem Sauerstoffgehalt im Wasser führen.

F

Fäkalstreptokokken

sind Bakterien und wie Escherichia coli obligate Bestandteile der Darmflora des Menschen und aller anderen Warmblütler. Sie werden gleichermaßen als Kontrollorganismen benutzt (→ Coli-Bakterien).

In 100 ml-Trinkwasserproben dürfen Fäkalstreptokokken nicht vorhanden sein (Grenzwert).

Fällung

Ionen eines im Wasser gelöst vorliegenden Salzes können mit den Ionen eines gelöst zudosierten Salzes eine schwerlösliche Verbindung eingehen, die in Form eines Niederschlages ausfällt. Diesen Vorgang nennt man Fällung.

Bei der → Enthärtung von Wasser können die Härtebildner Calcium und Magnesium ausgefällt werden, indem man dem Wasser eine entsprechende Menge an Kalkhydrat (Calciumhydroxid $Ca(OH)_2$ als → Kalkwasser oder → Kalkmilch) zusetzt.

Auch ein Entzug von Kohlensäure aus dem Wasser kann durch die damit verbundene Störung des Kalk-Kohlensäure-Gleichgewichtes (→ Calcit-Sättigung) zur Ausfällung von Calciumcarbonat führen.

Färbung

Die Angabe der Färbung kann nach dem visuellen Eindruck erfolgen, z.B. „schwach gelblich". Die Farbe des Wassers kann aber auch gemessen werden, indem man die Schwächung von durchfallendem Licht bestimmter Wellenlänge (436 Nanometer) bestimmt und auf eine Wasserschichtdicke von 1 m bezieht. Das Ergebnis wird als **„Spektraler Absorptionskoeffizient bei 436 nm"** oder kurz als „SAK 436" bezeichnet.

Der Grenzwert laut TrinkwV beträgt 0,5 m^{-1}.

Siehe auch → Eisen und → Mangan.

Filtration

dient bei der Wasseraufbereitung vor allem der Entfernung von Flocken und anderen Schwebstoffen, die sich nicht oder nur sehr langsam absetzen. Als Filtermaterial wird ganz überwiegend Quarz-Sand verwendet. Eine besondere Bedeutung hat → Aktivkohle als Filtermaterial.

Je nach Fließgeschwindigkeit des Wassers im Filter unterscheidet man zwischen **Langsamfiltern** (meist 0,1 bis 0,2 m/h) und Schnellfiltern (z. B. 15 m/h). Langsamfilter werden wegen ihres großen Flächenbedarfs schon lange kaum mehr gebaut.

Schnellfilter gibt es mit oben offenen Becken oder mit geschlossenen Kesseln. Bei der Reinigung werden sie mit Wasser oder mit Wasser und Luft rückgespült.

Um die Raumwirkung zu vergrößern und die Laufzeit zwischen zwei Spülungen zu verlängern, werden Schnellfilter heute häufig als **Mehrschichtfilter** ausgeführt. Beim Zweischichtfilter beispielsweise besteht die obere Schicht aus einem leichteren Material gröberer Körnung (z. B. Filterkohle, Blähton, Blähschiefer oder Bims), die untere Schicht aus einem schwereren Material feinerer Körnung (in der Regel Quarzsand).

Fischtest

ist ein Verfahren, bei dem in Testbecken gehaltene Fische (Forellen, Nilhechte, Goldorfen) toxische Schadstoffe im Trinkwasser dadurch anzeigen, daß sie ihr Verhalten ändern.

Flockung

Die Trübung eines Wassers wird oft durch feinste Teilchen verursacht, die sich weder absetzen (sedimentieren) noch durch Filtration entfernen lassen. Dabei kann es sich um mineralische Teilchen (Ton) oder um organische Stoffe handeln. Nicht nur die Kleinheit der Teilchen, sondern auch andere Eigenschaften (beispielsweise gleichsinnige elektrische Ladungen) können für die Nichtentfernbarkeit verantwortlich sein. Gelingt es aber, diese Teilchen zu größeren Einheiten (Flocken) zusammenzuballen oder sie an Flocken anzulagern, z.B. durch Aufhebung der abstoßenden Kräfte, können sie durch Absetzen oder Filtrieren entfernt werden.

Die Bildung solcher Flocken wird durch Zudosieren geeigneter **Flockungsmittel** erreicht. Besonders bewährt haben sich dabei Aluminium- und Eisensalze in Form von Chloriden und Sulfaten, also beispielsweise Aluminiumsulfat oder Eisen(III)-chlorid. Ihre Wirkung wird vom pH-Wert des Wassers beeinflußt, weshalb man in der Wahl des Flockungsmittels nicht ganz frei ist. Oft bewährt es sich, zusätzlich zum eigentlichen Flockungsmittel noch ein **Flockungshilfsmittel** zu verwenden, das allerdings an einer anderen Stelle (in Fließrichtung hinter dem Flockungsmittel) zugegeben wird.

Die Größe und Entfernbarkeit der Flocken hängt neben der Art der Verschmutzung sowie der Menge und Art der eingesetzten Flockungschemikalien vor allem davon ab, auf welche Weise der Eintrag der Chemikalien in das aufzubereitende Wasser, die Vermischung und die weitere Behandlung der sich bildenden Flocken erfolgen. Bei mangelhafter Vermischung und/oder zu kurzen Kontaktzeiten zwischen Flocken und noch nicht erfaßten flockbaren Teilchen wird die Wirkung der Flockung unvollkommen sein; bei zu großem Energieeintrag werden bereits gebildete Flocken wieder zerschlagen.

Der Flockungsvorgang selbst kann in offenen Becken erfolgen, welche mit Rührwerken, oft auch mit Vorrichtungen zur Schlammrückführung und/oder Schlammräumern ausgestattet sind.

Soweit die Abtrennung der Flocken durch **Sedimentation** nicht bereits in diesen Becken stattfindet, kann sie auch in speziellen **Separatoren** vorgenommen werden, das sind schräg angeordnete Pakete von Lamellen oder Rohren, die meist von unten her durchströmt werden. Sie sind sehr raumsparend; darunter kann noch ein Schlammeindicker angeordnet sein. In der Regel muß sich eine Filtration anschließen.

Die Flockung kann auch in der entsprechend dimensionierten Zuleitung zur Filteranlage erfolgen, teilweise auch im Überstauraum der Filter und in der oberen Filterschicht; man spricht dann von **Flockungsfiltration.**

Flockungshilfsmittel → Flockung

Flockungsmittel → Flockung

Flockungsfiltration → Flockung

Fluorid

Fluoride sind Verbindungen des Fluors, das mit Chlor, Brom und Jod zu den sogenannten → Halogenen gehört. Fluoridhaltige Mineralien kommen in Urgesteinen vor (z.B. Flußspat), durch Verwitterung werden sie verbreitet. Bei der Metallverhüttung wurden und werden sie als Flußmittel verwendet und können über Abgase und Abwässer in die Umwelt gelangen. Von Bedeutung sind auch die Fluorkohlenwasserstoffe Frigen und Freon, die als Kühlmittel und als Treibstoff in Spraydosen dienen. Es wird befürchtet, daß sie die Ozonschicht der Erdatmosphäre zerstören.

Für den Menschen ist Fluor lebenswichtig, vor allem für den Zahnschmelz, doch liegen notwendige und schädliche Dosis sehr nahe beieinander. Seitens der Zahnärzte wird immer wieder gefordert, dem Trinkwasser Fluor zur Kariesvorbeugung beizugeben, obwohl die länger anhaltende Wirkung nicht bewiesen ist. Die deutschen Wasserversorgungsunternehmen lehnen die „zwangsweise Verabreichung“ von Medikamenten über das Trinkwasser aus rechtlichen Gründen ab.

Der Grenzwert nach der TrinkwV beträgt 1,5 mg/l.

G

Gasaustausch

Unter diesem Sammelbegriff versteht man alle technischen Maßnahmen, die dazu führen, die Konzentrationen von im Wasser gelöst vorliegenden Gasen zu verändern. In der Regel geschieht dies durch eine mehr oder minder intensive **Belüftung** des Wassers. Im Trinkwasser unerwünschte Gase wie **Schwefelwasserstoff, Methan** oder **leichtflüchtige → CKW** können aus dem Wasser „ausgeblasen" werden, ein Vorgang, den man auch **„Strippen"** nennt. Die Belüftung muß dabei weitgehend drucklos erfolgen. Auch ein Überschuß an freier **Kohlensäure** kann durch Belüftung, z.B. mit Hilfe von Strahlapparaten (Strahlpumpen), entfernt werden.

Der Austrag der Gase aus dem Wasser erfolgt nur, wenn sie in der verwendeten Luft selbst nicht oder nur in geringer Konzentration enthalten sind.

Weil **Sauerstoff** in der Luft in höherer Konzentration enthalten ist, bewirkt die Belüftung einen Anstieg der Sauerstoff-Konzentration im belüfteten Wasser, sofern dies nicht bereits mit Sauerstoff gesättigt war. In diesem Fall – dem gewünschten Eintrag eines Gases – wird der Effekt verstärkt, wenn die Belüftung **unter Druck** erfolgt, es handelt sich dann um eine **geschlossene** Belüftung. Auch → **Ozon** (aus dem hergestellten Luft-Ozon-Gemisch) und → **Kohlenstoffdioxid** (Kohlensäure) können auf diese Weise im Wasser gelöst werden. Der physikalische Vorgang, das Lösen eines Gases in einem Lösungsmittel, wird → Absorption genannt. (Nicht zu verwechseln mit → Adsorption!)

Gelöste Stoffe

sind Stoffe, die im Lösungsmittel feinstens verteilt als Moleküle oder → Ionen (echt gelöst, z.B. Salze im Wasser) vorliegen. Sie können durch Verdampfen des Lösungsmittels als sogenannter Abdampfrückstand gewonnen und gewogen werden. Siehe auch → Kolloide Stoffe.

Geruch des Wassers, Geruchsschwellenwert GSW

Ist der Geruch des Wassers sinnlich wahrnehmbar, kann er qualitativ angegeben werden, z.B. als „modrig", „fischig" oder „nach Chemikalien".

Quantitativ kann der Geruch mit Hilfe des Geruchsschwellenwertes gemessen werden. Dabei wird die Wasserprobe mit geruchsfreiem Wasser schrittweise solange verdünnt, bis der Geruch eben gerade noch wahrgenommen werden kann. Dann werden die Volumenanteile von Verdünnungswasser und von zu untersuchendem Wasser zueinander in Beziehung gesetzt. Das Rechenergebnis heißt Geruchsschwellenwert, ist aber eigentlich ein Verdünnungsfaktor. Geruchsfreies Wasser hat demnach den GSW Null.

Der Grenzwert nach TrinkwV beträgt 2 bei 12 °C und 3 bei 25 °C Wassertemperatur.

Gesamthärte → Wasserhärte

Geschmack des Wassers

Bezüglich des Geschmacks von Trinkwasser bestehen keine gesetzlichen Vorschriften. DIN 2000 („Zentrale Trinkwasserversorgung. Leitsätze für Anforderungan an Trinkwasser") stellt aber die Forderung, daß Trinkwasser u.a. „klar, kühl, geruchlos und geschmacklich einwandfrei" sein muß.

Je nach Art und Konzentration von Inhaltstoffen (z.B. → Wasserhärte oder → Kohlensäure) kann Wasser sehr unterschiedlichen Geschmack haben.

Giardien und Cryptosporidien

sind mikroskopisch kleine Tierchen, die als Parasiten im Darm von Säugetieren (Rinder, Schafe, Wild) leben. Die Dauerformen dieser Mikroorganismen (die auch unter sehr ungünstigen Bedingungen monatelang lebensfähig bleiben können) werden ausgeschieden, kommen dadurch in großen Mengen in die Umwelt und auch ins Oberflächenwasser.

Da sie beim Menschen Darmkrankheiten auslösen, die bei geschwächtem Immunsystem lebensbedrohlich werden können, ist vor allem dort Vorsicht geboten, wo Oberflächenwasser aus Talsperren, Seen oder Flüssen zu Trinkwasser aufbereitet wird. Die Aufbereitungsanlagen müssen dort in der Lage sein, die mikroskopisch kleinen Organismen abzutöten und/oder zurückzuhalten.

Das Vorkommen von Giardien und Cryptosporidien in Grundwässern mit ausreichend schützenden Deckschichten ist sehr unwahrscheinlich.

Grenzwerte

Um gesundheitliche Schäden durch den Genuß von Trinkwasser auszuschließen und um eine einwandfreie Beschaffenheit des Trinkwassers bis zum Endabnehmer zu gewährleisten, hat der Gesetzgeber für eine Reihe von Inhaltsstoffen und physikalisch-chemischen Eigenschaften von Trinkwasser Grenzwerte festgelegt, die eingehalten werden müssen. Sie gelten auch für das in Lebensmittelbetrieben verwendete Wasser. Die Festlegung ist erfolgt in der → Trinkwasserverordnung, die sich ihrerseits auf das → Bundesseuchengesetz und das → Lebensmittelgesetz gründet.

Grundlage für die Festlegung von Grenzwerten für toxische (giftige) Stoffe (Beispiel: Arsen, Blei, Cadmium) ist normalerweise der Tierversuch. Die hierbei gewonnenen Daten werden auf das durchschnittliche Körpergewicht des Menschen (70 kg) hochgerechnet, und es wird verlangt, daß bei **lebenslangem Genuß von täglich 2 Litern Wasser keine gesundheitliche Schädigung** zu befürchten ist. Dies führt zu einem Sicherheitsfaktor, der je nach Stand der wissenschaftlichen Kenntnisse zwischen 1000 und 100000 liegt, wobei auch berücksichtigt ist, daß es bei gleichzeitigem Auftreten von verschiedenen Schadstoffen im Trinkwasser möglicherweise zu einer gegenseitigen Verstärkung der schädlichen Wirkung kommen kann.

Für einige Stoffe, die Krebs auslösen (karzinogene oder kanzerogene Stoffe), das Erbgut verändern (Mutagene) oder zu Mißbildungen führen können (Teratogene) ist es nicht möglich, einen Schwellenwert zu ermitteln, unter dem Schädigungen des Menschen auszuschließen sind. Hier werden Grenzwerte so niedrig angesetzt, daß sie meßtechnisch gerade noch erfaßbar sind, so daß eine Überwachung möglich ist.

Schließlich gibt es noch Grenzwerte, die keine oder keine direkte gesundheitliche Relevanz haben und auf die Appetitlichkeit des Wassers abheben (z.B. Temperatur, Trübung, Geschmack), auf die technische Verwendbarkeit im Haushalt (Salzgehalt, Härteausfall beim Erwärmen) und auf die Vermeidung von Korrosionsschäden in den Rohrleitungen. Dabei ist zu beachten, daß es durch Freisetzung von Kupfer- oder Zinkionen aus den Rohren der Hausinstallation auch zu gesundheitlichen Schäden kommen kann.

In Notfällen kann die zuständige Behörde die Überschreitung von Grenzwerten zulassen, „wenn dadurch die menschliche Gesundheit nicht gefährdet und die Trinkwasserversorgung nicht auf andere Weise sichergestellt werden kann". (TrinkwV, § 4). Die zulässige Überschreitung wird dabei nach oben begrenzt und zeitlich befristet. Der Betreiber der Wasserversorgungsanlage wird verpflichtet, innerhalb der Frist entsprechende Maßnahmen zu ergreifen (z.B. Anschluß an eine Fernwasserversorgung, Sanierung des Wassereinzugsgebietes, Erschließung neuer Wasservorkommen, Wasseraufbereitung).

Die Europäische Union (EU) plant z. Zt., in einer neuen Trinkwasserrichtlinie die Grenzwerte durch sog. **Parameterwerte** zu ersetzen.

H

Härte → Wasserhärte

Härtebereich → Wasserhärte

Härtehydrogencarbonat → Wasserhärte

Haloforme

sind eine Gruppe von gesundheitsschädlichen Verbindungen, die entstehen, wenn im Methanmolekül CH_4 (der einfachsten Kohlenwasserstoff-Verbindung), der Wasserstoff teilweise oder ganz durch → Halogene ersetzt wird (wie beispielsweise beim Tetrachlormethan CCl_4). Dies kann geschehen, wenn starke Oxidationsmittel auf organische Substanzen (z. B. Huminsäuren) einwirken. Siehe auch → Desinfektion und → Organische Chlorverbindungen.

Halogene

Gruppe der chemischen Elemente Fluor, Chlor, Brom und Jod. Ihre mit Wasserstoff gebildeten Säuren und deren Salze bilden die einfach negativ geladenen Ionen Fluorid (F^-), Chlorid (Cl^-), Bromid (Br^-) und Jodid (J^-).

Huminsäuren, Huminstoffe

Huminstoffe sind natürlichen Ursprungs und kommen in vielen Wässern als gelöste organische Verbindungen vor. Sie sind das Ergebnis biologischer Vorgänge und entstehen z.B. beim Abbau von Pflanzen. Die einzelnen Moleküle sind groß und können – bei entsprechender Zusammensetzung – wie eine schwache organische Säure reagieren (Huminsäuren). Manche Huminsäuren zählen wegen ihrer besonders großen Moleküle bereits zu den → Kolloiden.

Huminstoffe verleihen dem Wasser oft eine gelblich-braune Farbe (Moorwässer!) und einen typischen leicht bitteren Geschmack. Sie müssen deshalb aus Wässern, die als Trinkwasser genutzt werden, entfernt werden, obwohl sie völlig unschädlich sind.

Bei der Behandlung huminstoffhaltiger Wässer mit Chlor oder Ozon (→ Desinfektion, → Oxidation) können allerdings die sehr schädlichen → Haloforme entstehen. Ist die Anwendung von Chlor und Ozon nicht zu umgehen, so müssen die Huminstoffe auch aus diesem Grund entfernt werden. Da sie biologisch schwer abbaubar sind, kommen hierfür nur physikalisch-chemische Verfahren in Frage, wie → Flockung, → Fällung und → Adsorption.

Hydrogencarbonat

Anion HCO_3^-, das durch Lösen von Salzen der Kohlensäure und durch Dissoziation der Kohlensäure selbst entsteht. → Calcit-Sättigung, → Ionen.

Hydroxide

Chemische Verbindungen mit einer oder mehreren Hydroxid-Gruppen (OH), z.B. Natronlauge (NaOH), Calciumhydroxid (= Kalkhydrat $Ca(OH)_2$), aber auch Wasser selbst („Wasserstoffhydroxid", H_2O = HOH). Beim Lösen solcher Stoffe in Wasser – wie auch bei der Dissoziation des Wassers – entstehen Hydroxid-Ionen OH^-. → Ionen.

I

Informationspflicht

Werden zur Aufbereitung von Trinkwasser Zusatzstoffe (Aufbereitungschemikalien), wie z.B. Chlor, Flockungsmittel, Phosphate oder Kalkwasser verwendet, so ist der Betreiber der Wasserversorgungsanlage lt. Trinkwasserverordnung § 15 verpflichtet, jeden zugesetzten Stoff unverzüglich und dann einmal jährlich durch Hinweis in den örtlichen Tageszeitungen sowie durch Aushang oder schriftliche Mitteilung bekanntzugeben.

Die Konzentrationen aller Zusatzstoffe im aufbereiteten Wasser sind mindestens wöchentlich aufzuzeichnen. Chlor und Chlordioxid müssen allerdings täglich gemessen werden. Die Niederschriften (oder Schreibstreifen) müssen den Verbrauchern 6 Monate lang während der üblichen Geschäftszeit zur Einsichtnahme zugänglich sein.

Vermieter, die im Gebäude das Trinkwasser einer Nachaufbereitung unterziehen (z.B. enthärten oder Phosphat dosieren) müssen ihre Mieter darüber in Kenntnis setzen.

Ionen

Die Moleküle der Salze, Säuren und Basen (Laugen) haben das Bestreben, sich im Wasser, dem Lösungsmittel, ganz oder teilweise in zwei entgegegesetzt elektrisch geladene Partner zu trennen, die man Ionen (griechisch: Wanderer) nennt, da sie im elektrischen Feld wandern. Die negativ geladenen Teilchen bewegen sich zur positiven Anode, sie heißen deshalb Anionen, die positiv geladenen zur negativen Kathode, man nennt sie deshalb Kationen.

Das bekannte Kochsalz mit der chemischen Formel NaCl zerfällt im Wasser in Kationen Na^+ (Natrium) und Anionen Cl^- (Chlorid).

Die Kohlensäure H_2CO_3 zerfällt zunächst teilweise in Kationen H^+ (Wasserstoff) und Anionen HCO_3^- (Hydrogencarbonat); letztere trennen sich zum Teil noch einmal und bilden Kationen H^+ (Wasserstoff) und Anionen CO_3^{2-} (Carbonat).

Die Bildung von Ionen nennt man **Dissoziation;** dissoziierte Stoffe nennt man Elektrolyte, da sie den elektrischen Strom leiten. Das Lösungsmittel Wasser (H_2O) dissoziiert übrigens selbst auch, wenn auch nur in sehr geringem Maße, und es entstehen Kationen H^+ (Wasserstoff) und Anionen OH^- (Hydroxid-Ionen). → Leitfähigkeit und → pH-Wert.

Ionenaustausch

ist der physikalisch-chemische Vorgang, bei dem die Fähigkeit verschiedener fester Stoffe ausgenützt wird, bestimmte Ionen aus der umgebenden Flüssigkeit aufzunehmen und dafür eine äquivalente Menge anderer Ionen abzugeben.

Stoffe, die diese Eigenschaften haben, gibt es zwar in der Natur (z.B. die sogenannten Zeolithe, die Tonmineralien Montmorillonit, Vermikulit und vulkanische Tuffe), die meisten heute verwendeten Ionenaustauscher werden aber aus Kunstharzen in Form kleiner Körner hergestellt. Je nachdem ob die Ionenaustauscher positiv oder negativ geladene Ionen austauschen, nennt man sie **Kationenaustauscher** oder **Anionenaustauscher.**

Das einzelne Austauscher-Korn kann man sich – stark vergrößert – als Schwamm vorstellen, wobei das Schwammgerüst – die sogenannte Matrix – als einziges Riesenmolekül aufgefaßt werden kann, in das zahlreiche ladungstragende Gruppen – die sogenannten Ankergruppen – eingebaut sind. Die Ladung dieser Ankergruppen wird durch frei in der Porenflüssigkeit schwimmende sogenannte Gegenionen kompensiert, so daß das ganze Körnchen insgesamt elektrisch neutral ist. Diese Gegenionen können den „Schwamm" verlassen, nur müssen sie dann durch eine entsprechende Zahl anderer Ionen gleicher Ladungsart ersetzt werden, um die Elektroneutralität zu wahren.

Bringt man z.B. einen **Kationenaustauscher,** der mit Natriumionen beladen ist, in ein Wasser, das Calcium- und Magnesiumionen in genügend hoher Konzentration enthält, so wandern diese in das Korn hinein und nehmen die Plätze von Natriumionen ein, die dafür in das Wasser übergehen. Nach einer gewissen Zeit hat sich ein Gleichgewichtszustand eingestellt zwischen den Ionenkonzentrationen im Innern und außerhalb des Korns: Der Austauschvorgang hat aufgehört. Der Ionenaustauscher muß jetzt regeneriert werden. Zu diesem Zweck bringt man ihn mit einer Lösung in Berührung, die Natriumionen in genügend hoher Konzentration enthält. Jetzt findet der umgekehrte Vorgang statt und der Austauscher ist nach einiger Zeit wieder in die Ausgangsform zurückgeführt; aus der natriumionenreichen Regenerierlösung ist dabei ein calcium- und magnesiumreiches Regenerierabwasser geworden.

Zur Regeneration von Kationenaustauschern im Wasserwerksbetrieb werden allerdings keine Natriumverbindungen wie Kochsalz (NaCl) eingesetzt, sondern Säuren, die wie die Salzsäure (HCl), die Schwefelsäure (H_2SO_4) und die Kohlensäure (H_2CO_3) positiv geladene Wasserstoffionen (H^+) zur Verfügung stellen.

Anionenaustauscher gewinnen z.Zt. – vor allem wegen des Nitratproblems – im Trinkwassersektor an Bedeutung. Sie lagern bevorzugt die Anionen starker Säuren, also Chlorid, Sulfat und Nitrat, an und lassen sich mit den Anionen schwacher Säuren regenerieren. Auch hier liegt es nahe, zur Regeneration Kohlensäure zu verwenden, die die notwendigen Hydrogencarbonationen liefert. Auf diese Weise lassen sich Nitrat- und Sulfationen aus dem Trinkwasser entfernen.

Kationenaustauscher können zusammen mit Anionenaustauschern in einem **Mischbett** eingesetzt und gemeinsam mit Kohlensäure regeneriert werden. Bei dieser Art der Regeneration wird sowohl das Kation (H^+) als auch das Anion (HCO_3^-) des Regeneriermittels ausgenutzt (CARIX-Verfahren).

Ionenstärke → Calcit-Sättigung

K

Kalium

Kalium kommt in der Natur häufig vor und ist für den Menschen lebenswichtig. Höhere Kaliumgehalte im Wasser stammen meist aus den Abraumhalden von Kalibergwerken. Auch eine fäkale Verunreinigung ist als Ursache möglich.

Der Grenzwert nach der TrinkwV beträgt 12 mg/l. Geogen (d. h. durch die natürlichen geologischen Verhältnisse) bedingte Überschreitungen können bis zu einem Grenzwert von 50 mg/l außer Betracht bleiben.

Kaliumpermanganat

ist ein starkes Oxidationsmittel und kann zur Oxidation von Wasserinhaltsstoffen eingesetzt werden, z.B. bei der Entfernung von Eisen und Mangan.

Bei der Wasseruntersuchung gibt man der Wasserprobe Kaliumpermanganat zu, bestimmt die verbrauchte Menge und errechnet damit die → Oxidierbarkeit.

Kaliumpermanganat-Verbrauch

ist die veraltete Bezeichnung für die → Oxidierbarkeit.

Kalk

ist die umgangssprachliche Bezeichnung für → Calciumcarbonat (Kalkstein), für Calciumoxid CaO („gebrannter Kalk“) und für Calciumhydroxid $Ca(OH)_2$ (Kalkhydrat, „gelöschter Kalk“).

Kalk-Kohlensäure-Gleichgewicht → Calcit-Sättigung

Kalkmilch

ist eine übersättigte wässerige Kalklösung, eine Suspension von Kalkhydrat, die als → Fällmittel, zur → Entkarbonisierung und zur → Entsäuerung von Wasser eingesetzt wird.

Kalk-Rost-Schutzschicht

→ Calcit-Sättigung und → Korrosion

Kalkseife → Seife

Kalkwasser

ist eine gesättigte Lösung von Kalkhydrat. Verwendung wie → Kalkmilch.

Kationen → Ionen

Karbonate → Carbonate

Karbonathärte → Wasserhärte

Kjeldahlstickstoff

Der Parameter Kjeldahlstickstoff umfaßt die Summe aller organischen Stickstoffverbindungen, die sich unter bestimmten Analysenbedingungen zu Ammoniumionen abbauen lassen. Der Kjeldahlstickstoff, abgekürzt auch oft als **TKN** (Total Kjeldahl-Nitrogen) bezeichnet, ist ein Verschmutzungsindikator, der auf das Vorhandensein von Stoffwechselprodukten und bestimmten Zellsubstanzen hinweist. Da solche Stoffe mit Chlor zu organischen Chlorverbindungen reagieren können, kommt dem TKN eine gewisse Bedeutung bei der Wasseraufbereitung zu.

Der Grenzwert nach der TrinkwV beträgt 1 mg/l, berechnet als N.

Keime → Bakterien und → Viren

Keimzahl → Koloniezahl

Kesselstein → Wasserhärte und → Calcit-Sättigung

Kohlendioxid → Kohlenstoffdioxid

Kohlensäure

ist eine schwache Mineralsäure, die durch Lösung von → Kohlenstoffdioxid in Wasser entsteht. Sie löst z. B. Kalkstein. Ihre Salze heißen → Carbonate und → Hydrogenkarbonate. Siehe auch → Calcit-Sättigung.

Kohlenstoff

ist ein chemisches Element, geruch- und geschmacklos, Nicht-Metall, kommt als Diamant oder Graphit vor, als Kohle, außerdem in Carbonaten und Hydrogencarbonaten, in allen Pflanzen und Tieren, als Kohlenstoffdioxid auch in der Luft und gelöst im Wasser (→ Kohlensäure). Braunkohle, Steinkohle, Koks und Holzkohle sind Gemenge von Kohlenstoff und kohlenstoffhaltigen Verbindungen. → Aktivkohle ist ein wichtiges → Adsorptionsmittel bei der Wasserreinigung.

Kohlenstoffdioxid

ist ein farbloses, unbrennbares Gas und Bestandteil der Luft (etwa 0,03 Volumen-%). CO_2 löst sich in Wasser zu → Kohlensäure. Es entsteht beispielsweise bei der vollständigen Verbrennung von Kohlenstoff, ist an sich ungiftig, führt aber bei zu hoher Konzentration in der Luft zur Verdrängung des Sauerstoffs und kann dadurch Ursache für Ersticken sein.

→ Ionenaustauscher können umweltfreundlich mit Kohlenstoffdioxid regeneriert werden. → Entsäuerung.

Kohlenwasserstoffe

sind Verbindungen von Kohlenstoff und Wasserstoff, die in der Natur vor allem in Mineralöl und Erdgas vorkommen.

Durch Unfälle, undichte Tanks oder unvorsichtige Handhabung können Kohlenwasserstoffe ins Oberflächen- und Grundwasser gelangen. Gelöste oder emulgierte Kohlenwasserstoffe können dem Trinkwasser noch in sehr großer Verdünnung einen unangenehmen Geruch und Geschmack verleihen.

Grenzwert für gelöste oder emulgierte Kohlenwasserstoffe und Mineralöl nach TrinkwV 0,01 mg/l.

Kokken

sind kugelförmige Bakterien. → Fäkalstreptokokken.

Kolibakterien → Coli-Bakterien

Kolloide Stoffe

Inhaltsstoffe, deren Teilchengröße an das Auflösungsvermögen eines Lichtmikroskopes heranreicht und die einen durchfallenden Lichtstrahl in charakteristischer Weise beugen („Streulicht") nennt man kolloide Stoffe oder auch kolloidal gelöste Stoffe. Unter den anorganischen Vertretern dieser Stoffe sind die Kieselsäure und Silikate sowie besondere Eisen-, Mangan- und Aluminium-Verbindungen zu nennen, von den organischen Vertretern vor allem die → Huminstoffe.

Kolloide Stoffe setzen sich nicht ab und sind auch durch Filtration nicht aus dem Wasser zu entfernen. Sie müssen dazu gebracht werden, sich zu größeren Partikeln zusammenzuballen oder sich an größere Teilchen anzulagern. Siehe → Flockung.

Koloniezahl

wurde früher gleichgesetzt mit der Zahl der Keime im Milliliter (ml = cm^3) Wasser (Keimzahl), was nur näherungsweise richtig ist. Bei der bakteriologischen Untersuchung wird das Wasser auf einem sogenannten Nährboden ausgestrichen und anschließend 44 +/- 4 Stunden lang bei Temperaturen von

20 °C und 36 °C im Wärmeschrank aufbewahrt (bebrütet). Dabei entstehen auf der zunächst glatten, gelatineartigen Oberfläche des Nährbodens aus den im Wasser vorhandenen Keimen Kolonien, die mit bloßem Auge als kleine Punkte erkennbar sind.

Die Koloniezahl soll bei nicht desinfiziertem Trinkwasser und 20 °C sowie 36 °C Bebrütungstemperatur jeweils den Richtwert 100 je ml nicht überschreiten. Bei desinfiziertem Trinkwasser soll der Richtwert 20 je ml bei 20 °C Bebrütungstemperatur nicht überschritten werden.

Kontamination

ist eine Fachbezeichnung für die Verunreinigung z. B. von Wasser oder Böden.

Konzentration

Gehalt einer Lösung an gelöstem Stoff. In Trinkwasseranlagen erfolgt die Angabe meist als → Massenkonzentration (z. B. in mg/l oder g/m^3). Möglich ist auch die Angabe als → molare oder Stoffmengenkonzentration.

Bei Lebensmitteln oder Arzneimitteln ist daneben auch die Angabe in Massenprozent, d.h. in g Stoff je 100 g Stoffmischung, oder in Volumenprozent, d.h. in ml des flüssigen Stoffes in 100 ml Lösung üblich.

Korrosion

nennt man die Reaktionen eines Werkstoffes mit Stoffen, die ihn berühren (z.B. Luft, Wasser, Böden), sofern es dabei zu meßbaren Veränderungen des Werkstoffes und zu Schäden kommt. Meist handelt es sich dabei um chemische und elektrochemische Prozesse.

Korrosionsvorgänge im Wasserversorgungsnetz und in den Hausinstallationen der Wasserabnehmer (→ Calcit-Sättigung) können nicht nur beträchtliche volkswirtschaftliche Schäden verursachen, sondern auch gesundheitlich bedenklich sein, wenn nämlich Schwermetalle, vor allem während längerer Stillstandsphasen, in höherer Konzentration ins Trinkwasser übergehen (siehe Richtwerte für → Kupfer und → Zink in Anlage 7 der TrinkwV).

Die Korrosionsprodukte des Eisens („Rost") können die Qualität des Trinkwassers durch Trübung, Färbung und Rostpartikel sehr ungünstig beeinflussen.

Der Zustand der → Calcit-Sättigung ist Voraussetzung für die Entstehung einer **Deckschicht** auf metallischen Oberflächen, also in Rohren und Kesseln (früher auf Eisen als **Kalk-Rost-Schutzschicht** bezeichnet). Diese wiederum ist Voraussetzung für die Verhinderung von Korrosion an Stellen, die – z. B. durch Anstrich oder Mörtelauskleidung – nicht ausreichend geschützt sind (vor allem auch in den ursprünglich verzinkten eisernen Hausleitungen).

Ändert sich die Konzentration auch nur bei einem der im Wasser enthaltenen Stoffe über das sogenannte Bewertungsmaß hinaus (DVGW-Blatt W 216), dann ist ein Umbau der Deckschicht und damit verbunden das Auftreten von Korrosionsproblemen zu erwarten.

Seitens des Wasserwerkes müssen alle angemessenen technischen Möglichkeiten zur Vermeidung von Korrosionsschäden ausgeschöpft werden. Dazu gehören vor allem die Wahl zweckmäßiger Werkstoffe, erforderlichenfalls auch Aufbereitungsmaßnahmen, z. B. die → Entsäuerung und/oder die → Aufhärtung. Nur in Ausnahmefällen sollte auf die Zugabe eines → Korrosionsinhibitors zum Trinkwasser zurückgegriffen werden.

Korrosionsinhibitor

Zusatzstoff, der Korrosionsvorgänge zwischen Wasser und metallischem Rohrwerkstoff günstig beeinflussen und durch Förderung der Schutzschichtbildung möglichst ganz unterbinden soll. Im Trinkwasserbereich werden hierfür bestimmte → Phosphate eingesetzt, evtl. in Kombination mit → Silikaten, deren alleiniger Einsatz zur Korrosionshemmung lt. TrinkwV nicht erlaubt ist.

Einzelheiten siehe **DVGW-Arbeitsblatt W 215.**

Korrosionsschutz → Korrosion

Krankheitserreger

In verunreinigtem Wasser können die Erreger von vielen verschiedenen Krankheiten vorkommen und mit dem Wasser verbreitet werden. Siehe dazu → Bakterien, → Coli-Bakterien, → Viren und → Desinfektion.

Kupfer

kommt in der Natur gediegen und als Verbindung in mehreren Erzen vor. Böden enthalten 2 bis 100 mg/kg Cu. Kupfer ist das am häufigsten verwendete Nichteisenmetall, z. B. für Kabel, Rohre und Behälter. Kupferverbindungen werden zur Pilz- und Algenbekämpfung eingesetzt.

Im Trinkwasser ist Kupfer eigentlich nur als Korrosionsprodukt von Kupfer-Installationen von Bedeutung. Es ist für den Menschen einerseits ein essentielles Spurenelement (Bildung von roten und weißen Blutkörperchen, Funktion des zentralen Nervensystems, Stoffwechsel des Bindegewebes). Andererseits können hohe Kupfergehalte im Trinkwasser, wenn damit Baby-Nahrung zubereitet wird, bei Kleinstkindern eine Lebererkrankung verursachen, die tödlich sein kann.

Deshalb: Richtwert nach TrinkwV 3 mg/l. Er gilt nach Stagnation von 12 Stunden (Stillstand im Rohrleitungssystem). In den ersten zwei Jahren nach Inbetriebnahme der Installation gilt er ohne Berücksichtigung der Stagnation.

L

Langsamfilter → Filtration

Lebensmittelgesetz

Das „Lebensmittel- und Bedarfsgegenständegesetz (LMBG)“, wie es im vollen Wortlaut heißt, stammt vom 15.08.1974 (zuletzt geändert 1993) und ist neben dem → Bundesseuchengesetz die wesentliche Rechtsgrundlage der → Verordnung über Trinkwasser und über Wasser für Lebensmittelbetriebe (TrinkwV). Es befaßt sich hauptsächlich mit Stoffen, die Lebensmitteln zugesetzt oder zur Herstellung von Lebensmitteln verwendet werden dürfen, außerdem mit Materialien, die mit Lebensmitteln in Berührung kommen und dabei keine bedenklichen Stoffe an das Lebensmittel abgeben dürfen (Bedarfsgegenstände). Auch Kessel, Behälter, Rohrleitungen, Pumpen, Filtermaterialien usw., mit denen das Lebensmittel Trinkwasser in Berührung kommt, unterliegen den Bestimmungen des LMBG.

Zusatzstoffe, die zur Aufbereitung von Trinkwasser verwendet werden dürfen, sind in der Trinkwasserverordnung (Anlage 3) aufgeführt. Die Trinkwasserverordnung ist also auch Durchführungsverordnung zum LMBG.

Qualitätsanforderungen für Stoffe, die zur Aufbereitung von Trinkwasser verwendet werden dürfen, z.B. Desinfektionsmittel, Flockungsmittel, Filtermaterialien einschl. Aktivkohle sind in DIN-Normen festgelegt.

Legionellen (Legionella pneumophila)

sind Bakterien, die u.a. im Wasser vorkommen können. Finden sie (z.B. in Warmwasserbereitungsanlagen bei Temperaturen zwischen 30° und 50 °C) optimale Bedingungen für eine massenhafte Vermehrung und atmet man sie mit feinzerstäubtem Wasser (Aerosol) ein, so können sie schwere, lebensbedrohende Krankheiten der Atemwege auslösen. Vor allem kann es zu schwerer atypischer Lungenentzündung **(Legionärskrankheit)** kommen.

Gegenmaßnahmen müssen bei der Warmwasserbereitung und der Vermeidung der Wasserzerstäubung ansetzen. Vor allem Duschköpfe und die Luftbefeuchtung in Klimaanlagen sind zu beachten. Siehe auch die DVGW-Arbeitsblätter W 551 und W 552!

Leitfähigkeit

Gelöste Salze, die im Wasser in Form geladener Teilchen (→ Ionen) vorliegen, leiten den elektrischen Strom. Die Leitfähigkeit eines Wassers ist also vom Salzgehalt abhängig.

Destilliertes Wasser leitet den Strom kaum und ergibt deshalb einen sehr niedrigen Wert. Bei hartem Wasser mit zusätzlich Nitrat-, Chlorid- und Sulfat-Ionen, ergibt sich u. U. eine hohe Leitfähigkeit, wobei allerdings im Trinkwasserbereich Überschreitungen des Grenzwerts nicht zu erwarten sind.

Grenzwert nach TrinkwV 2 000 µS/cm (Mikrosiemens pro Zentimeter) bei 25 °C.

Lochkorrosion („Lochfraß“)

nennt man den durch elektrochemische Vorgänge verursachten punktförmigen Abtrag von Metall und, als Folge davon, das Entstehen von Löchern in der Wand von Rohren und Kesseln. → Korrosion.

M

Mangan

kann wie Eisen in Form von ManganII-Ionen bei fehlendem Sauerstoff im Grundwasser gelöst vorhanden sein. Mit Sauerstoff bildet sich ManganIV-Oxid MnO_2, das schwer löslich ist und als schwarzbrauner, flockiger, im Wasser schwebender Schlamm ausfällt.

→ Entmanganung wie → Enteisenung durch Zumischung von Luft und Abtrennung der Flocken in Sandfiltern (→ Filtration). Grenzwert 0,05 mg/l.

Manganbakterien → Eisenbakterien

Magnesium

kommt in der Erdkruste sehr häufig vor und ist beim Menschen für die Aktivierung verschiedener Stoffwechsel-Enzyme und die Dämpfung der Erregbarkeit von Nerven und Muskeln wichtig.

Höhere Magnesiumgehalte kommen in Wässern vor, die aus dolomithaltigem Untergrund, z.B. im Bereich von Muschelkalk oder Keuper stammen.

Anthropogene (d.h. vom Menschen verursachte) Magnesiumgehalte im Wasser können von Überdüngung und von fäkalem oder industriellem Abwasser stammen.

Wird Wasser zur Entsäuerung oder Aufhärtung über halbgebrannten Dolomit gefiltert, steigt der Magnesiumgehalt ebenfalls an. Der Grenzwert nach der TrinkwV beträgt 50 mg/l. Bei Wässern aus magnesiumhaltigem Untergrund beträgt er 120 mg/l.

Massenkonzentration

Angabe der → Konzentration in Masse gelöster Substanz (z. B. in Gramm) je Volumeneinheit (z.B. 1 l Lösung). Üblich ist bei Trinkwasser die Angabe in mg/l (Milligramm je Liter), bei sehr geringen Konzentrationen auch in µg/l (Mikrogramm je Liter) oder gar in ng/l (Nanogramm je Liter).

1 g/l = 1000 mg/l = 1 000 000 µg/l = 1 000 000 000 ng/l.

Mehrschichtfilter → Filtration

Methan

Bei der Verrottung organischer Substanzen bildet sich Methan als farb- und geruchloses Gas, das brennbar, aber nicht giftig ist. Als „Grubengas" kann es im Bergbau zu den gefürchteten „schlagenden Wettern" führen, als „Faulgas" fällt es bei der Schlammfaulung in Kläranlagen an. Auch das „Deponiegas" besteht zum großen Teil aus Methan, ebenso das als Energieträger gewonnene natürlich vorkommende „Erdgas". Enthält das aus größeren Tiefen gewonnene Trinkwasser Methan, kann es zu Problemen bei der Wasseraufbereitung kommen, da Methan das Wachstum bestimmter Bakterien fördert. Es muß in diesen Fällen durch → Belüftung (auch → Gasaustausch) aus dem Wasser entfernt werden.

m-Wert

Der m-Wert ist eine wasserchemische Rechengröße, die aus den Konzentrationen der Hydrogencarbonat- und Carbonationen sowie den bei der Dissoziation des Wassers entstehenden H^+- und OH^--Ionen ermittelt wird. Er ist hilfreich bei der Berechnung von Mischwasseranalysen und bei der Vorausberechnung von Änderungen der Wasserzusammensetzung infolge von Aufbereitungsmaßnahmen.

Das m erinnert daran, daß man früher Methylorange als Farbindikator für eine Titration mit Salzsäure verwendet hat, die etwa gleichbedeutend ist mit der heutigen Bestimmung der → Säurekapazität bis pH 4,3. Letztere ist annähernd gleich dem m-Wert. → p-Wert, → Kohlensäuresumme.

Mikrosiebanlagen → Siebanlagen

Mineralöl → Kohlenwasserstoffe

Mineral- und Tafelwasser-Verordnung

Die – im vollen Wortlaut – „Verordnung über natürliches Mineralwasser, Quellwasser und Tafelwasser“ vom 01. August 1984, geändert am 05. Dezember 1990, gilt für das „Herstellen, Behandeln und Inverkehrbringen“ dieser besonderen Wässer sowie von sonstigem Trinkwasser, „die in zur Abgabe an den Verbraucher bestimmte Fertigpackungen abgefüllt sind.“

Natürliches Mineralwasser, Quellwasser und Tafelwasser sind Trinkwässer, die besondere, in der Verordnung genau definierte Anforderungen erfüllen.

Mischbarkeit von Wässern → Mischung

Mischung

von unterschiedlichen Wässern, besonders bei größerem Unterschied der Wasserhärte, kann erhebliche Korrosionsprobleme ergeben. Dies gilt auch, wenn die Wässer allein nicht aggressiv sind und hängt damit zusammen, daß das gemischte Wasser meist nicht mehr im Zustand der → Calcit-Sättigung (früher Kalk-Kohlensäure-Gleichgewicht) ist. Das Ausmaß der Aggressivität hängt dabei wesentlich vom Mischungsverhältnis ab.

Im übrigen wird die Ausbildung korrosionshemmender Deckschichten im Innern von Rohren (→ Korrosion) erschwert oder verhindert, wenn sich das Mischungsverhältnis und damit die Wasserzusammmensetzung ständig verändern.

Deshalb ist die Mischung unterschiedlicher Wässer im Rohrnetz, bei der sich zwangsläufig beliebige und ständig wechselnde Mischungsverhältnisse ergeben, besonders ungünstig.

Die Mischbarkeit kann in vielen Fällen dadurch wesentlich verbessert werden, daß man das härtere Wasser vor der Mischung teilweise entsäuert und das Mischungsverhältnis konstant hält (kontrollierte Mischung).

Mischwasserprobleme kann man vermeiden, wenn man die Wässer durch Aufbereitung einander angleicht oder wenn man sie getrennt in entsprechenden Versorgungszonen verteilt.

Gründliche Voruntersuchungen auf der Grundlage von Arbeitsblatt W 216 des DVGW (Deutscher Verein des Gas- und Wasserfachs) sind in jedem Fall dringend notwendig.

Mol (als Einheitenzeichen **mol**)

ist im Internationalen Einheitensystem (SI) die Basiseinheit der Stoffmenge. Ein mol enthält entsprechend der Avogadroschen Konstanten (Formelzeichen N_A) für alle Stoffe immer die gleiche Zahl von $6{,}023 \times 10^{23}$ Teilchen (Moleküle, Atome usw.).

Wenn man N_A mit der Masse der entsprechenden Teilchen multipliziert, ergibt sich die molare Masse (oder Molmasse) M.

Ein mol Kohlenstoffatome (als Bezugsgröße) hat die Masse 12 g, ein mol CO_2, d. h. N_A CO_2-Moleküle, die Masse 44 g (Kohlenstoff + 2 x Sauerstoff ergeben 12 g/mol + 2 x 16 g/mol).

Molare Konzentration (Stoffmengen-Konzentration)

ist die → Konzentration in mol/l, d.h. die Anzahl der Mole (und damit der Teilchen) gelöster Substanz in 1 l Lösung.

Die Angabe kann auch in mol/m^3, mmol/l (millimol pro Liter), bei sehr geringen Konzentrationen auch in µmol/l (mikromol pro Liter) erfolgen.

Molmasse M (molare Masse)

ist die auf die Stoffmenge 1 mol bezogene Masse von Stoffteilchen (Atome, Moleküle, Atomgruppen, Ionen). → mol.

Einheit: g/mol.

N

Natrium

Natrium ist ein häufiges Metall der Erdkruste und für den Menschen lebenswichtig. Er nimmt Natrium vorwiegend als Kochsalz auf (Natriumchlorid), 3–5 g pro Tag sind erforderlich, die tatsächliche Aufnahme beträgt aber durchschnittlich 11–12 g pro Tag. Zu viel Natrium kann schädlich für Säuglinge sein, aber auch bei Erwachsenen Bluthochdruck sowie Herz- und Nierenkrankheiten zur Folge haben.

Höherer Natrium- und Chloridgehalt im Grundwasser während des Winters, besonders nach der Schneeschmelze, ist auf Verunreinigung durch Streusalz zurückzuführen. Ständig steigende Natriumwerte im Grundwasser können von häuslichen und auch industriellen Abwässern kommen.

In der Wasseraufbereitung werden verschiedentlich Natriumverbindungen verwendet. Zur Desinfektion wird Chlorbleichlauge (= Natriumhypochlorit) zugesetzt, in Chlordioxidanlagen Natriumchlorit. Verschiedene Natriumphosphate werden zum Korrosionsschutz und zur Kalkstabilisierung verwendet. Zur pH-Wert-Regulierung und zur Entsäuerung wird vereinzelt Natriumhydroxid (= Natronlauge) dosiert.

Bemerkenswert ist der Natriumanstieg im Trinkwasser durch Ionenaustauscher zur Enthärtung im Haushalt. Die Härtebildner Calcium und Magnesium werden dabei durch Natrium ersetzt, wobei je 10 Grad Härteminderung der Natriumgehalt um etwa 80 mg/l steigt.

Der Grenzwert nach der TrinkwV beträgt 150 mg/l.

Nickel

Nickel ist ein Spurenelement der Erdkruste, wesentlicher Bestandteil des Erdkerns und für den Menschen lebenswichtig. Es wird für Edelstahl- und Kupferlegierungen verwendet, für

Akkumulatoren und Katalysatoren. Nickelverbindungen werden in der Galvanotechnik und als Farbpigmente für die verschiedensten Zwecke gebraucht.

In die Umwelt gelangt Nickel über Großfeuerungsanlagen und über Abwasser aus nickelverarbeitenden Betrieben. Erhöhte Nickelkonzentrationen in Hausinstallationen sind oft auf vernickelte oder nickelhaltige Teile der Hausanlage zurückzuführen. Nickel in Geschirr und Küchengerät kann sich auf die Nahrung auswirken, die selbst auf natürliche Weise Nickel enthalten kann.

Für den Menschen ist über den Magen-Darmbereich mit der Nahrung aufgenommenes Nickel in kleinen Mengen ungefährlich. Die Aufnahme größerer Nickelmengen führt aber zu Erbrechen. Eingeatmet (als Dampf), ergibt es Übelkeit, Schwindel und Kopfschmerz; später treten Schäden an Lunge, Leber, Nieren und Nervensystem auf. Nickel und seine Verbindungen können Hautentzündungen und Allergien auslösen.

In die TrinkwV ist ein Grenzwert von 0,05 mg/l aufgenommen worden.

Nitrat → Stickstoffverbindungen

Nitrit → Stickstoffverbindungen

Nitrosamine → Stickstoffverbindungen

Nichtkarbonathärte → Wasserhärte

Natriumhypochlorit → Desinfektion

O

Oberflächenaktive Stoffe

Alle waschaktiven Stoffe werden unter dem Oberbegriff „Tenside“ zusammengefaßt (früher Detergentien). Auch → Seife gehört dazu. Häusliche Waschmittel enthalten anionische und nichtionische Tenside.

Für die in Waschmitteln enthaltene Tenside muß vom Hersteller der Nachweis erbracht werden, daß sie größtenteils biologisch abbaubar sind. Zur Schonung der Umwelt ist es wünschenswert, den Wasch- und Putzmittelverbrauch möglichst einzuschränken.

Die in Oberflächengewässer eingeleiteten Tensidrestmengen können die Bioverfügbarkeit einiger Schadstoffe, d.h. die Möglichkeit zum biologischen Abbau, erhöhen. Die Abbauprodukte können giftig sein, vor allem für Fische.

Kationenaktive Tenside werden vorwiegend in der Textil- und Lederindustrie verwendet, aber auch für die sogenannten Weichspüler. Ihre Abbauprodukte sind weniger giftig für Fische.

Lassen sich Tenside im Trinkwasser nachweisen, ist das ein Beleg für eingeleitetes Abwasser.

Der Grenzwert nach der TrinkwV für anionische und nichtionische Tenside beträgt 0,2 mg/l.

Oberflächenwasser

aus Flüssen und Seen ist als Rohstoff für die Trinkwassergewinnung von großer Bedeutung. Voraussetzungen für die Eignung von Oberflächenwasser sind in Arbeitsblatt W 251 des Deutschen Vereins des Gas- und Wasserfachs (DVGW) angegeben.

Organische Chlorverbindungen

Zur Festlegung von Grenzwerten in der TrinkwV wurden vom Gesetzgeber 5 häufiger verwendete organische Chlorverbindungen ausgewählt, die alle zu den leichtflüchtigen chlorierten Kohlenwasserstoffen (kurz **CKW** genannt) gehören. Es handelt sich dabei um Lösungsmittel, die in der Umgangssprache z.B. als **Tri** oder **Per** bekannt sind. Sie werden in größerem Umfang zum Entfetten von Metallen sowie zur chemischen Reinigung eingesetzt. Im Haushalt werden sie als Fleckentferner und Pinselreiniger verwendet, in der Lebensmittelindustrie zur Herstellung von Pulverkaffee und Fruchtsaftextrakten.

Da sie leicht verdunsten, gelangt ein großer Anteil in die Luft. Der Regen wäscht sie aus, so daß sie in das Oberflächen- und Grundwasser gelangen können, auch ohne daß ein Schaden (undichte Tanks) oder unvorsichtige Handhabung vorliegt. Von Wasseroberflächen können CKW wieder an die Luft abgegeben oder auch im Schlamm angesammelt werden. Die leichtflüchtigen CKW sind chemisch sehr stabil, durch das Sonnenlicht werden sie allerdings in großer Höhe zerstört, sofern sie bis dahin gelangen.

Im menschlichen Fettgewebe können sich CKW anreichern. Sie wirken auf das zentrale Nervensystem, teilweise narkotisierend, erzeugen nervöse Erscheinungen von Kopfschmerz, Vergeßlichkeit bis zu Bewußtseinsstörungen. Einige sind nachweislich krebserregend, einige krebsbegünstigend. Auch Leber- und Kreislaufschäden sind möglich.

Halogenierte Kohlenwasserstoffe (**HKW**) können bei der Chlorung von Trinkwasser entstehen, wenn dieses organische Stoffe (auch natürlichen Ursprungs) enthält und mit einer hohen Chlordosis gearbeitet wird. Gleiches gilt für die Ozonung. Siehe auch → Haloforme.

Der Grenzwert nach der TrinkwV beträgt 0,01 mg/l als Summe der Konzentrationen an 1,1,1-Trichlorethan, Trichlorethen, Tetrachlorethen und Dichlormethan, für Tetrachlormethan als Einzelstubstanz 0,003 mg/l.

Organoleptische Parameter

werden auch sensorische Kenngrößen genannt und betreffen Wassereigenschaften, die sich mit Hilfe der menschlichen Sinnesorgane feststellen und beurteilen lassen: → Färbung, → Geruch, → Geschmack, → Trübung.

Oxidation

ist ein Verfahrensschritt bei der Wasseraufbereitung. Dabei werden durch Zusatz bestimmter **Oxidationsmittel** oder durch die Tätigkeit von Mikroorganismen Wasserinhaltsstoffe chemisch so verändert, daß sie in nachfolgenden Aufbereitungsstufen entfernt oder besser entfernt werden können, oder daß sie im Trinkwasser nicht mehr störend in Erscheinung treten. Oxidationsmittel sind Sauerstoff, Ozon, Chlor, Chlordioxid, Kaliumpermanganat und Wasserstoffperoxid.

Natürliche mikrobielle Oxidationsvorgänge laufen in Langsamfiltern und bei der Bodenpassage ab, allerdings nur bei Anwesenheit von Sauerstoff. Man kann diese Vorgänge auch in Filterkessel oder spezielle Reaktoren verlegen, wobei sich je nach den zu entfernenden Stoffen eine spezielle Mikroorganismen-Besiedelung herausbildet.

Beim Einsatz der Oxidationsmittel → Ozon, → Chlor und → Chlordioxid werden in der Regel Mikroorganismen abgetötet, darunter auch Krankheitserreger (pathogene Keime), weshalb diese Art von Oxidation gleichzeitig eine → Desinfektion darstellt.

Die Oxidation als Aufbereitungsschritt wird beispielsweise eingesetzt bei der Entfernung von Eisen (→ Enteisenung), Mangan (→ Entmanganung), → Ammonium, bei der Umwandlung schwer abbaubarer organischer Stoffe in biologisch leichter abbaubare Stoffe, bei der Entfernung von Farbe, Geruch und Geschmack („Schönung“) und bei der → Desinfektion von Trinkwasser.

Für den Aufbau und den Betrieb von Anlagen zur Oxidation und Desinfektion gibt es Normen sowie Arbeits- und Merkblätter des DVGW (Deutscher Verein des Gas- und Wasserfachs e. V.) und der FIGAWA (Bundesvereinigung der Firmen im Gas- und Wasserfach e. V.).

Oxidierbarkeit

wird bei der Wasseruntersuchung errechnet aus dem → Kaliumpermanganatverbrauch und als ein Maß für die Verunreinigung mit (vor allem) organischen Stoffen angesehen.

Grenzwert 5 mg O_2/l.

Ozon

ist ein starkes Oxidations- und deshalb auch ein gutes Desinfektionsmittel (→ Desinfektion). Das Ozonmolekül besteht aus 3 Sauerstoffatomen und ist bei den in Trinkwasser üblichen Drücken und Temperaturen nur relativ kurze Zeit beständig ($2\ O_3 \rightarrow 3\ O_2$). **Korrosionsgefahr beachten!**

Vorsicht: Ozon ist ein Atemgift. Je nach Konzentration wirkt es vor allem auf Schleimhäute ätzend!

Grenzwert entspr. TrinkwV nach Aufbereitung 0,05 mg/l.

P

Parameterwerte → Grenzwerte

Pathogene Keime → Krankheitserreger

Per → Organische Chlorverbindungen

Pestizide → Pflanzenbehandlungsmittel

Pflanzenbehandlungs- und Schädlingsbekämpfungsmittel (PBSM)

gehören wegen ihres möglichen gesundheitlichen Gefährdungspotentials überhaupt nicht in das Grundwasser. Leider konnte ein Teil von ihnen – den Vorhersagen der für ihre Zulassung zuständigen Bundesanstalt zum Trotz – bisher in sehr vielen Grundwasservorkommen nachgewiesen werden.

Nach TrinkwV gelten folgende Grenzwerte:

Für chemische Stoffe zur Pflanzenbehandlung und Schädlingsbekämpfung einschließlich der toxischen Hauptabbauprodukte, außerdem für polychlorierte, polybromierte Biphenyle und Terphenyle:

Für jede einzelne Substanz	0,0001 mg/l
und insgesamt	0,0005 mg/l.

Von über 400 möglichen Wirkstoffen kann bisher nur ein Teil mit der erforderlichen Genauigkeit analytisch im Grundwasser nachgewiesen werden.

In Baden-Württemberg sind entsprechend der → Schutzgebiets- und Ausgleichsverordnung (SchALVO) nur rund 200 Wirkstoffe zugelassen. Flächendeckende Voruntersuchungen haben z. Zt. nur für eine Gruppe von 6 Stoffen Grenzwertüberschreitungen ergeben, nämlich die Gruppe der Triazine, deren bekannteste Vertreter Atrazin, Simazin, Terbutylazin und Desethylatrazin sind. Dieses letztere ist das Hauptabbauprodukt (Metabolit) von Atrazin. Die Triazine sind Herbizide

(= Unkrautvernichtungsmittel) und werden hauptsächlich beim Anbau von Mais, Spargel und Wein eingesetzt.

Phenole

sind Bestandteile der Steinkohle, große Mengen fallen bei der Kohleveredelung an. Die Abwässer von Gaswerken, Kokereien und Erdölraffinerien enthalten Phenole. Phenole haben eine starke bakterizide Wirkung und waren die ersten Desinfektionsmittel bei operativen Eingriffen (Carbolsäure), werden jedoch heute nicht mehr medizinisch verwendet. Phenole werden aber in großen Mengen zur Herstellung von Kunst- und Farbstoffen, Schädlingsbekämpfungsmitteln und als Weichmacher genutzt. Das eigentliche Phenol besteht aus einem Benzolring und einer OH-Gruppe, bei mehrwertigen Phenolen sind mehrere H-Atome durch OH-Gruppen ersetzt.

Phenole sind **Nervengifte,** führen zu Kopfschmerzen, Schwindel, Erbrechen sowie Ohrensausen und verursachen Verätzungen. In Oberflächengewässern wirken sie stark giftig für Fische.

Im Trinkwasser können Phenole in geringen Mengen vorkommen, wenn es durch anthropogene Einflüsse verunreinigt worden ist. Solche Verunreinigungen machen sich allerdings geruchlich bemerkbar, vor allem dann, wenn das Wasser mit Chlor desinfiziert worden ist (Chlorphenole verursachen Geruch nach Chemikalien). Die TrinkwV nützt diesen Effekt aus, indem sie den Phenol-Grenzwert für eingehalten erklärt, wenn der Grenzwert für den Geruchsschwellenwert eingehalten ist. Für natürliche Phenole, sofern sie nicht mit Chlor reagieren, gilt dieser Grenzwert nicht.

Grenzwert nach TrinkwV 0,0005 mg/l.

Phosphate

sind die Salze der Phosphorsäure. Die Erdkruste besteht zu 0,13 % aus Phosphor, der überwiegend mineralisch in Form von Apatiten vorliegt.

In der Landwirtschaft verbraucht man weltweit 90 % der gewonnenen und hergestellten Phosphate als Düngemittel. Etwa 6% werden als Zusatz zu Wasch- und Reinigungsmitteln, z.B. Trinatriumphosphat Na_3PO_4, benützt.

Von der Lebensmittelindustrie wird Phosphat als Schmelzsalz bei der Käseherstellung, zur Wasserbindung in Brühwürsten und als Geschmacksverstärker in Getränken verwendet.

In der Wasseraufbereitung werden Phosphate und Polyphosphate als → Korrosionsinhibitor eingesetzt. Polyphosphate eignen sich auch zur Stabilisierung der Härtebildner Calcium und Magnesium durch Komplexbildung. Aus ökologischen Gründen sollten sie jedoch nicht zu diesem Zweck verwendet werden.

Die Verunreinigung mit phosphathaltigen Abwässern kann in Seen zu erheblichen Problemen durch verstärktes Algenwachstum (→ Eutrophierung) führen.

Der Grenzwert nach TrinkwV beträgt 6,7 mg/l PO_4^{3-}.

Phosphatzugabe zum Wasser

→ Calcit-Sättigung, → Korrosionsinhibitor und → Wasserhärte

pH-Wert

ist der negative dekadische Logarithmus der Konzentration von Wasserstoff-Ionen und ein Maß für den „sauren" oder „basischen" Zustand einer Lösung.

In reinem Wasser ist der pH-Wert 7 und die Anzahl der Wasserstoff-Ionen sowie der Hydroxid-Ionen ist gleich groß, nämlich definitionsgemäß je 10^{-7} mol/l. Werden dem Wasser Wasserstoff-Ionen zugefügt (bei natürlichen Wässern meist in Form von Kohlensäure) oder Hydroxid-Ionen entzogen (z.B. bei der → Flockung, → Enteisung oder → Entmanganung), so wird der pH-Wert niedriger, das Wasser „saurer". Umgekehrt weisen pH-Werte von über 7 auf ein Überwiegen von Hydroxid-Ionen hin, wodurch die Reaktion des Wassers basisch (man sagt auch alkalisch) wird.

Der pH-Wert von Trinkwasser darf nach TrinkwV nicht unter 6,5 und nicht über 9,5 liegen. Bei Kontakt mit metallischen oder zement- bzw. kalkhaltigen Werkstoffen (außer bei passiven Stählen) darf im pH-Bereich 6,5–8,0 der pH-Wert des abgegebenen Wassers nicht unter dem pH-Wert der → Calcit-Sättigung liegen. Bei Faserzement-Werkstoffen (→ Asbestzement) gilt letzteres für den pH-Bereich 6,5–9,5. Das Wasser muß nötigenfalls entsäuert werden (→ Calcit-Sättigung).

Der pH-Wert ist mit der Glaselektrode elektrometrisch zu bestimmen. Der pH-Wert der Calcit-Sättigung nach TrinkwV muß berechnet werden.

Plankton

ist die zusammenfassende Bezeichnung für alle im Wasser schwebenden pflanzlichen und tierischen Organismen.

Polycyclische aromatische Kohlenwasserstoffe

Diese kurz PAK genannten organischen Verbindungen entstehen bei der unvollständigen Verbrennung von Stoffen aller Art. Sie kommen im Rauch von Hausbrand und Industrieanlagen, in Autoabgasen und Zigarettenrauch vor, aber auch in Produkten aus Kohle und Öl, z.B. in bituminösen und in teerhaltigen Straßenbelägen. Neue Rohre mit innerem Schwarzanstrich können mehrere Monate lang PAK abgeben.

Durch die Wärme der Abgase werden die PAK weit verteilt. Regen bringt dann Staub, PAK-haltigen Ruß, Straßenabrieb u.ä. in das Abwasser. PAK entstehen aber auch beim Räuchern und Grillen. Von den über 100 verschiedenen Verbindungen sind einige stark krebserregend; sie wirken vor allem auf die Haut, aber auch auf die Lunge.

In der TrinkwV sind die folgenden sechs wichtigen Vertreter aufgeführt, deren Konzentration bei der Trinkwasseruntersuchung festgestellt werden muß:

Fluoranthen

Benzo – (b) – Fluoranthen

Benzo – (k) – Fluoranthen

Benzo – (a) – Pyren

Benzo – (ghi) – Perylen

Indeno – (1, 2, 3 – cd) – Pyren

Der Grenzwert nach der TrinkwV erfaßt als Summe alle sechs Verbindungen und beträgt 0,0002 mg/l.

Positivkatalog für Pflanzenbehandlungsmittel

→ Schutzgebiets- und Ausgleichsverordnung

p-Wert

Der p-Wert ist eine wasserchemische Rechengröße, die aus den Konzentrationen der Kohlensäure, des Carbonations und den bei der Dissoziation des Wassers entstehenden H^+- und OH^--Ionen ermittelt wird. Sie ist hilfreich bei der Berechnung von Mischwasseranalysen und bei der Vorausberechnung von Änderungen der Wasserzusammensetzung infolge von Aufbereitungsmaßnahmen.

Das p erinnert daran, daß man früher Phenolphtalein als Farbindikator für eine Titration mit Natronlauge verwendet hat, die etwa gleichbedeutend ist mit der heutigen Bestimmung der → Basekapazität bis pH 8,2. Letztere ist annähernd gleich dem negativen p-Wert.→ m-Wert.

Q

Quecksilber

Das Metall Quecksilber ist ein Bestandteil der Erdkruste, in Vulkangebieten tritt es häufiger auf. Es kommt als Verunreinigung von Kohle, Erdöl und Erdgas, hauptsächlich aber als Schwefelverbindung Zinnober vor. Quecksilber und Quecksilberverbindungen werden für viele Zwecke eingesetzt.

In die Luft gelangt Quecksilber durch die Verbrennung von Kohle, Öl, Gas sowie über Müllverbrennungsanlagen. In den Boden kann es über Pflanzenschutzmittel und durch Düngung mit Klärschlamm und Müllkompost kommen. In Oberflächengewässer fließt es über Industrieabwässer und Sickerwässer aus Deponien. Es kann sich dabei im Schlamm anreichern.

Quecksilber ist für den Menschen giftig, es schädigt bei entsprechender Menge Nerven und Hirn, führt zu Konzentrationsunfähigkeit, Reizbarkeit, Gedächtnisschwund und verursacht Nierenschäden.

Der Grenzwert nach der TrinkwV beträgt 0,001 mg/l.

R

Radioaktivität

nennt man die Eigenschaft der Atomkerne bestimmter chemischer Elemente, Energie in Form von Strahlung abzugeben, wobei sie in Kerne anderer Elemente umgewandelt werden (radioaktiver Zerfall). Bei der Strahlung handelt es sich um sogenannte Alpha-, Beta- und Gamma-Strahlen, die sich hinsichtlich Intensität, Reichweite und biologischer Wirkung stark unterscheiden.
Viele auf der Erde vorkommende Elemente sind von Natur aus radioaktiv, z. B. Uran, Radium und Radon. Seit Entdeckung der Kernspaltung gibt es zahlreiche künstlich hergestellte radioaktive Elemente (Isotope) und damit auch künstliche Radioaktivität.
Als Folge von Atombombenversuchen und Reaktorunfällen kommen radioaktive Teilchen in die Atmosphäre, werden trocken oder mit den Niederschlägen nass auf der Erdoberfläche abgelagert und können in Oberflächengewässer, ins Grundwasser und in Nahrungsmittel gelangen. Die Strahlung solcher Teilchen kann erhebliche Gesundheitsschäden bewirken, vor allem dann, wenn die Teilchen eingeatmet oder verschluckt werden.
Die TrinkwV fordert allgemein, daß Trinkwasser radioaktive Stoffe nicht in Konzentrationen enthalten darf, „die geeignet sind, die menschliche Gesundheit zu schädigen" (§ 2, Abs. 2). Eine regelmäßige Untersuchungspflicht besteht aber nicht, ebensowenig ein Grenzwert. Die zuständige Behörde muß Untersuchungen anordnen, falls begründeter Verdacht auf eine radioaktive Verunreinigung besteht. Hinsichtlich der Messung der Radioaktivität siehe → Becquerel.

Rechen

dienen bei der Wasseraufbereitung der Entfernung von groben Verunreinigungen. Je nach Stababstand unterscheidet man

Grobrechen (Stababstand 3 bis 10 cm), **Mittelrechen** (Stababstand 1 bis 2,5 cm) und **Feinrechen** (Stababstand 0,3 bis 1 cm). Sie sind in der Regel bei Oberflächenwasser-Gewinnung notwendig. Die Reinigung der Rechen erfolgt meist maschinell.

Redox-Potential

ist die im Wasser (allg.: in wässrigen Lösungen) mittels bestimmter Elektroden meßbare elektrische Spannung (im Millivolt-Bereich), welche Aufschluß darüber gibt, ob oxidierende oder reduzierende chemische Vorgänge überwiegen. Dies ist wichtig beispielsweise für die Wirksamkeit von Desinfektionsmitteln in Trink- und Badewässern.

→ Oxidation und → Reduktion.

Reduktion

Wegnahme von Sauerstoff aus einer chemischen Verbindung. Allgemeiner: Chemischer Vorgang, bei dem Atomen oder Molekülen Elektronen zugeführt werden. Wird in der Wasseraufbereitung z.B. zur Nitrat- und Nitritentfernung genützt. Diese beiden → Stickstoffverbindungen werden dabei zu gasförmigem Stickstoff reduziert, der als unschädliches Gas in die Luft abgegeben wird. Gegensatz: → Oxidation.

Richtwerte

Ein Richtwert unterscheidet sich von einem → Grenzwert dadurch, daß er eingehalten werden **soll,** während ein Grenzwert eingehalten werden muß. Die Überschreitung eines Richtwertes nimmt dem Wasser nicht seine Eigenschaft als Trinkwasser, erfordert aber bestimmte Maßnahmen, um die Überschreitung künftig zu vermeiden.

Rötliche Färbung im Wasser → Eisen

S

Sättigungsindex SI

ist die Differenz zwischen dem im Wasser tatsächlich herrschenden pH-Wert und dem pH-Wert, den ein Wasser der vorliegenden Zusammensetzung im Zustand der → Calcitsättigung haben müßte. Negative Zahlenwerte von SI deuten auf ein calcitlösendes Wasser hin, positive Zahlenwerte sagen aus, daß das Wasser calcitabscheidend ist (d.h. zu Kalkausfällungen neigt).

Säurekapazität, Abkürzung $K_{S4,3}$ bzw. $K_{S8,2}$.

Menge an Säure bestimmter Konzentration, die erforderlich ist, um den → pH-Wert der Wasserprobe auf 4,3 bzw. 8,2 zu bringen. Dieser Analysenwert wird für verschiedene wasserchemische Berechnungen gebraucht. $K_{S4,3}$ ist näherungsweise auch ein Maß für den Gehalt des Wassers an → Hydrogencarbonat-Ionen.

Säuren

Alle Verbindungen des Wasserstoffs, die in wässriger Lösung Wasserstoffionen (H^+) abspalten, nennt man Säuren. Wichtige Säuren sind Salzsäure HCL (ihre Salze sind Chloride), Schwefelsäure H_2SO_4 (ihre Salze heißen Sulfate), Salpetersäure HNO_3 (ihre Salze werden Nitrate genannt), Kohlensäure H_2CO_3 (ihre Salze sind die Carbonate). Natürliches, unbeeinflußtes Grund- und Quellwasser enthält lediglich eine mehr oder minder große Menge an → Kohlensäure und evtl. eine geringe Menge an → Huminsäuren.

Durch Verbrennung schwefelhaltiger Brennstoffe (z.B. Heizöl, Dieselkraftstoff) gelangt Schwefeldioxid in die Luft, das – zu Schwefeltrioxid aufoxidiert – mit dem Regen Schwefelsäure bildet. Durch Verbrennungsvorgänge insbesondere bei hohem

Druck und großer Hitze (Verbrennungsmotor), entstehen auch Stickoxide, die vom Regen als Salpetersäure aus der Luft ausgewaschen werden. Beide Säuren bilden den sogenannten **„sauren Regen“**, der zur Versauerung der Böden, im Falle der Salpetersäure auch zur öberdüngung vor allem der Wälder beiträgt.

SAK → Färbung und → UV-Absorptionsvermögen

Salze

sind chemische Verbindungen, die entstehen, wenn der Wasserstoff in → Säuren durch Metall ersetzt wird (z.B. wenn eine Säure mit einer → Base reagiert). Jedes natürliche Wasser enthält je nach Art der durchflossenen geologischen Formationen eine kleinere oder größere Menge an gelösten Salzen, z.B. Calciumcarbonat (Kalkstein, → Calcit), Calciumsulfat (Gips), Natriumchlorid (Kochsalz). Siehe auch → Ionen.

Sandfang und Absetzbecken

sind bei der Verwendung von Flußwasser, der Sandfang häufig auch bei Quellwasser, zur Abscheidung von Sand notwendig. Sie werden angeordnet zwischen → Rechen und weiterer → Wasseraufbereitung.

Sandfilter → Filtration

Sauerstoff

Chemisches Element, farbloses, geruchloses und geschmackloses Gas, das mit rund 20 Volumenprozent in der Luft enthalten ist. Sauerstoff reagiert mit vielen anderen Stoffen meist unter Wärmeentwicklung zu Oxiden. Den Vorgang nennt man Oxidation (Verbrennung).

Sauerstoff ist lebenswichtig für die Atmung von Mensch, Tier und Pflanze. Deshalb ist er auch in ausreichender Menge gelöst in natürlichen Wässern erforderlich.

Bei der Trinkwasser-Aufbereitung wird Sauerstoff zur Oxidation von → Eisen, → Mangan und → Ammonium angewandt. In bestimmter Konzentration im Wasser gelöst begünstigt Sauerstoff die Ausbildung korrossionshemmender Deckschichten (Schutzschichten, → Calcit-Sättigung) in metallischen Rohrleitungen, kann aber auch, wo diese Deckschichtbildung ausbleibt, Korrosionsschäden auslösen (→ Korrosion).

Saurer Regen → Säuren

Schädlingsbekämpfungsmittel
→ Pflanzenbehandlungs- und Schädlingsbekämpfungsmittel

SchALVO → Schutzgebiets- und Ausgleichsverordnung

Schnellfilter → Filtration

Schutzgebiete → Wasserschutzgebiete

Schutzgebiets- und Ausgleichsverordnung (SchALVO)
in **Baden-Württemberg,** vom 27.11.87, in Kraft seit dem 01.01.88, novelliert 1991. Die SchALVO enthält Vorschriften für die Landwirtschaft in Wasserschutzgebieten, vor allem Düngevorschriften und einen sogenannten **Positivkatalog** für Pflanzenbehandlungsmittel. Dies ist eine Zusammenstellung der zulässigen Mittel, andere Stoffe sind nicht erlaubt.

Die betroffenen Landwirte erhalten Ausgleichszahlungen, pauschal DM 310 je ha und Jahr oder Einzelausgleich (Stand März 1996). Andererseits erhebt das Land von allen Wasserwerken aufgrund der SchALVO den sogenannten **Wasserpfennig,** das ist eine Abgabe von 10 Pfennigen (1996) für jeden Kubikmeter (m^3) Wasser, der für die Trinkwasserversorgung aus Grund- und Oberflächengewässern entnommen wird.

Schutzschichtbildung in Rohren usw.
→ Calcit-Sättigung und → Korrosion

Schwebstoffe

Im Wasser frei schwebende Teilchen mineralischer und/oder organischer Herkunft (→ Plankton), die mit mechanischen Verfahren allein (absetzen, sieben, filtrieren) schwer oder gar nicht zu entfernen sind. Sie müssen aber bei der Wasseraufbereitung weitestgehend entfernt werden. Siehe → Flockung und → Trübung.

Schwefelwasserstoff

Das farblose, stark giftige Gas, das nach faulen Eiern riecht, entsteht im Untergrund durch die bakterielle Zersetzung von schwefelhaltigen organischen Substanzen. Es kann auch von bestimmten Bakterien in anaerobem Milieu durch Reduktion von Sulfat gebildet werden.

Aus Grundwässern kann Schwefelwasserstoff durch Belüftung entfernt werden. Zementhaltige Baustoffe können von dem dabei freigesetzten Gas angegriffen werden.

Ein Grenzwert existiert in Deutschland z. Zt. nicht. Laut DIN 2000 darf Schwefelwasserstoff im Trinkwasser geruchlich und geschmacklich nicht wahrnehmbar sein.

Seife

wird hergestellt aus Fetten, die durch alkalisch reagierende Verbindungen (z. B. Natronlauge NaOH) in Glycerin und (z. B.) Natriumsalze von Fettsäuren getrennt (verseift) werden.

In hartem Wasser entstehen aus den Natriumsalzen der Fettsäuren unlösliche Ca- und Mg-Salze, die keinen Schaum bilden und deshalb Schmutzstoffe nicht vom Untergrund ablösen können, für den Reinigungsvorgang also unbrauchbar sind **(Kalkseifen).**

Selen

Metallisches Selen kommt selten vor und nur zusammen mit Schwefel. Spuren von Selenverbindungen gibt es in allen schwefelhaltigen Erzen, aber auch in Kohle- und Phosporlagerstätten. Die Selengehalte in Böden schwanken stark (etwa zwischen 0,01 und 1 mg/kg). Selen wird von der Industrie für viele Zwecke verwendet.

Im Trinkwasser kann Selen geogen vorkommen (Donautal). Es kann aber auch durch Stäube von Kohlekraftwerken und durch Verbrennen von Erdöl in die Luft und durch Ausregnen ins Oberflächen- und Grundwasser gelangen. Selenverbindungen können auch durch Abwässer der Elektroindustrie ins Wasser kommen.

Selen ist in geringen Mengen ein essentielles Spurenelement. Erst ab täglicher Aufnahme von 0,01 bis 0,1 mg je kg Körpergewicht kann es giftig sein. Selenmangel kann beim Menschen vermutlich Herz-Kreislauferkrankungen verursachen. Bei Tieren wurden verschiedene Selenmangelkrankheiten, aber auch Selenvergiftungen beobachtet.

Der Grenzwert nach TrinkwV beträgt 0,01 mg/l.

Siebanlagen und Mikrosiebanlagen

mit Maschenweiten bis zu 0,01 mm werden bei der Wasseraufbereitung verwendet, um möglichst viel feinverteilte Stoffe (→ Schwebstoffe) mechanisch zu entfernen. Meist handelt es sich dabei um Siebtrommeln, die sich langsam drehen, nicht ganz eingetaucht sind, von innen nach außen durchströmt und durch einen Sprühstrahl kontinuierlich gereinigt werden.

Silber

kommt in der Erdkruste relativ selten vor. Es wird gewerblich viel verwendet. In die Umwelt gelangt Silber vorwiegend über Abwässer aus Photolabors, wenn diese nicht vorschriftsmäßig entsorgt werden. Silber kann sich dann im Schlamm von Kläranlagen und im Sediment von Flüssen anreichern.

Dem Trinkwasser wurden Silbersalze vereinzelt zur Desinfektion zugegeben. Die Silberionen wirken allerdings erst nach größerer Kontaktzeit, dafür aber länger anhaltend. Heute ist die Silberzugabe nur noch zur Konservierung von Wasservorräten (z.B. auf Schiffen) erlaubt. Erhöhte Silberwerte als Folge von Konservierungsmaßnahmen werden bis zu einer Höhe von 0,08 mg/l nicht beanstandet, sonst beträgt der Grenzwert nach TrinkwV 0,01 mg/l.

Silikate

können Salze der Ortho-, der Meta- und verschiedener Polykieselsäuren sein. Die Erdkruste besteht zu 90% aus Silikaten und Siliciumdioxid (Feldspat, Glimmer, Talk, Kaolinit, Quarz). Die industrielle Verwendung von Silikaten ist sehr vielseitig (Glas, Porzellan, Steinzeug, Zement u.s.w.).

Dem Trinkwasser können sie zusammen mit Phosphaten als Korrosionsinhibitor zudosiert werden. Die im Grundwasser vorhandenen Silikate sind geogenen Ursprungs und je nach Grundwasser-Landschaft ist ihre Konzentration unterschiedlich hoch, von einigen mg/l bis etwas über 100 mg/l (gemessen als $Si\ O_2$).

Der Grenzwert ist 40 mg/l als SiO_2. Er steht in Anlage 3 der TrinkwV und gilt nur, wenn dem Trinkwasser Silikate künstlich zudosiert werden, dann allerdings einschließlich der Gehalte vor der Aufbereitung.

Spektraler Absorptionskoeffizient

→ UV-Absorptionsvermögen und → Färbung

Stickstoff

Chemisches Element, farb-, geruch- und geschmackloses Gas, das im Gasgemisch Luft einen Anteil von rund 80 Volumenprozent einnimmt. Es existieren zahlreiche → Stickstoffverbindungen sowohl mineralischer als auch organischer Art.

Stickstoffverbindungen

Stickstoff (N) ist als Eiweißbestandteil ein unverzichtbarer Pflanzenbaustoff und kann von den meisten Pflanzen nur in

Form von Nitrat und – in geringem Maß – als Ammonium aufgenommen werden, z. B. als Ammoniumsulfat oder Ammoniumnitrat.

Nitrat NO_3^- ist demnach als Düngemittel unverzichtbar. In geringem Umfang ist es im Oberflächen- und auch im Grundwasser fast immer vorhanden, es kann u. U. auch aus natürlichen Bodenbestandteilen stammen. Höhere Konzentrationen von Nitrat im Grundwasser sind aber in der Regel auf unsachgemäße Düngung zurückzuführen.

Nitrat **(Grenzwert im Trinkwasser 50 mg/l)** ist vergleichsweise ungiftig. Bakterien können aber (auch im menschlichen Körper) Nitrat zu Nitrit reduzieren.

Nitrit NO_2^- (Grenzwert im Trinkwasser 0,1 mg/l) kann den roten Blutfarbstoff so verändern, daß er nicht mehr in der Lage ist, Sauerstoff von der Lunge zu den Körperzellen zu transportieren. Besonders Säuglinge bis zum 4. Lebensmonat sind empfindlich gegen Nitrit. In den ersten Lebensmonaten ist die Fähigkeit zur Regeneration des roten Blutfarbstoffs noch nicht vollständig entwickelt. Die Erkrankung ist mit einer Blaufärbung der Haut verbunden und wird deshalb häufig als **Blausucht** bezeichnet.

Aus Nitrit können in Verbindung mit Aminen (Eiweißbausteine) **Nitrosamine** entstehen, von denen einige als krebserregend gelten.

Nitrit und Ammonium in Wasser sind mit großer Wahrscheinlichkeit auf faekale Verunreinigung zurückzuführen.

Nitrat kann mit Hilfe von → Ionenaustauschern oder → biologischen Verfahren aus dem Wasser entfernt werden. In beiden Fällen entsteht hoher Aufwand. Meist ist der Verschnitt mit einem Wasser, das wenig Nitrat enthält, die einzige angemessene Möglichkeit.

Stoffmengen-Konzentration → Molare Konzentration

Strippen → Belüftung

Sulfate

sind Salze der Schwefelsäure und in der Erdkruste weit verbreitet, beispielsweise in Form von Gips (= Calciumsulfat). Die (unterirdischen) Ablagerungen, z.B. im Gipskeuper, können von Wasser aufgelöst werden und ergeben entsprechende Sulfatgehalte im natürlichen Grundwasser. Gips ist eine wesentliche Ursache für → Wasserhärte.

Sulfate gelangen aber auch durch Auswaschung von Handelsdünger und Rauchgasen, durch industrielle Abwässer sowie über Deponiesickerwässer in die Umwelt.

Höhere Sulfatgehalte im Trinkwasser fördern die Korrosion in metallischen Leitungen von Ortsnetz und Hausinstallation; auch Beton und andere zementgebundene Werkstoffe werden angegriffen.

Beim Menschen kann sulfathaltiges Wasser zu Magen- und Darmstörungen führen, ab 250 mg/l und mehr wirkt es u. U. abführend. Das Wasser wird auch geschmacklich beeinflußt. Durch Zugabe von Eisen- oder Aluminiumsulfat als Flockungsmittel wird der Sulfatgehalt des Wassers geringfügig erhöht.

Nach der Trinkwasserverordnung bleibt bei geologisch bedingtem höherem Sulfatgehalt der Grenzwert unberücksichtigt. Wegen der korrosionsfördernden Eigenschaften ist aber eine möglichst niedrige Konzentration wünschenswert.

Der Grenzwert nach der TrinkwV beträgt 240 mg/l.

Sulfide

sind Salze der Schwefelwasserstoffsäure. Sie kommen als Erze in der Natur vor, z. B. als Schwefelkies oder Pyrit.

Suspension

ist eine Flüssigkeit, z. B. Wasser, in der feinste unlösliche Teilchen als → Schwebstoffe enthalten (suspendiert) sind.

T

Tafelwasser → Mineral- und Tafelwasser-Verordnung

Temperatur

Maß für den Wärmezustand eines Körpers, einer Flüssigkeit oder eines Gases, gemessen in Kelvin (Abk.: K) oder Grad Celsius (°C). Die Temperatur ist Basisgröße im internationalen Einheitensystem (SI).

Die Temperatur von Trinkwasser soll nach Möglichkeit zwischen 5 und 15 °C liegen und keine starken kurzzeitigen Schwankungen aufweisen. Bei Verwendung von Oberflächenwasser sind je nach Jahreszeit höhere oder tiefere Temperaturen nicht zu vermeiden. Bei Grund- und Quellwasser weisen stärkere Temperaturschwankungen auf eine Verbindung zu Oberflächenwasser hin.

Bei Rohrleitungen und Hausinstallationen ist zu beachten, daß bei Erhöhung der Wassertemperatur Korrosionsvorgänge beschleunigt oder ausgelöst werden können.

Die Trinkwasser-Verordnung setzt einen Grenzwert für „kaltes“ Wasser von 25 °C.

Tenside → Oberflächenaktive Stoffe

Tetrachlorethen → Organische Chlorverbindungen

Tillmans-Gleichung → Calcit-Sättigung

Titration

ist ein maßanalytisches Verfahren, um die Konzentration eines bestimmten Stoffes in einer Lösung zu bestimmen. Dabei wird die Lösung einer Reagens mit bekannter Konzentration in kleinen Portionen (z.B. tropfenweise) einem bestimmten Volumen der Lösung (mit der unbekannten Konzentration) zugegeben, bis beide Lösungen miteinander ausreagiert haben und sich dies durch einen Niederschlag oder den Farbumschlag eines ebenfalls zugegebenen Indikators oder durch Erreichen eines bestimmten pH-Wertes bemerkbar macht. Die Menge an verbrauchter Titrationslösung ist dann ein Maß für die Konzentration der gesuchten Substanz.

TKN → Kjeldahlstickstoff

Trichlorethen (Tri) → Organische Chlorverbindungen

Toxine

sind → toxische Stoffe, die beim Stoffwechsel von tierischen und pflanzlichen Organismen (z.B. Bakterien) entstehen und erhebliche Gesundheitsschäden verursachen können. Zu beachten ist, daß das Abtöten von Bakterien oder anderen Toxin-Produzenten die schädliche Wirksamkeit der zuvor entstandenen Toxine keineswegs beeinträchtigt. → Bakterien.

Toxische Stoffe

sind giftig wirkende Substanzen, die bei entsprechenden Konzentrationen Gesundheitsschäden verursachen.

Trinkwasser-Aufbereitungs-Verordnung

vom 19.02.59, geändert durch Verordnung vom 27.06.60. Sie ist schon lange veraltet. Wesentliche Bestandteile sind inzwischen, u. a. als Anlage 3, in die Trinkwasserverordnung (Fassung vom 12.12.90) einbezogen worden.

Trinkwasserverordnung

→ Verordnung über Trinkwasser und über Wasser für Lebensmittelbetriebe

Trübung

Eine Trübung des Wassers wird durch → Kolloide und → Schwebstoffe verursacht. Sie kann zwar nach der sinnlichen

Wahrnehmung angegeben werden (klar, opalisierend, schwach getrübt usw.), es ist aber Vorschrift, die Trübung zu messen. Dabei wird der physikalische Effekt ausgenützt, daß die die Trübung verursachenden Teilchen das Licht, mit dem sie angestrahlt werden, in charakteristischer Weise streuen.

Bei dem Meßverfahren wird die Intensität des unter einem bestimmten Winkel (meist 90°) abgestrahlten Steulichts zur Intensität des einfallenden Lichtes in Beziehung gesetzt. Heute werden die Trübungsmeßgeräte mit Standard-Trübungen geeicht, die aus Formazin hergestellt werden. Die Angaben in TE/F bedeuten „Trübungs-Einheiten, bezogen auf Formazin".

Der Grenzwert nach TrinkwV beträgt 1,5 TE/F.

Vorübergehende **milchige Trübungen** unmittelbar nach der Wasserentnahme aus einem Hahn werden in der Regel durch feinverteilte Luftbläschen bei ungenügend entlüfteten Rohrleitungssystemen verursacht.

U

Ultraviolette Bestrahlung

Die Abtötung von Mikroorganismen einschließlich der Krankheitserreger kann durch Bestrahlen des Wassers mit Ultraviolettem Licht (UV) erfolgen. Die UV-Bestrahlung ist also eine Desinfektionsmethode. Ihre Wirkung beruht auf einer photochemischen Reaktion an den Nucleinsäuren der Zellen.

Voraussetzung für die gewünschte Wirkung ist, daß die Strahlung alle Keime möglichst ungehindert trifft. Die Keime dürfen nicht in Schmutzpartikel eingehüllt sein, das Wasser darf nicht getrübt sein und keine Stoffe enthalten, die das UV-Licht absorbieren können (z.B. Huminsäuren). Auch Eisen, Mangan und eine Kalkübersättigung können sich durch Belagbildung auf den UV-Strahlern störend auswirken. → Desinfektion.

Umkehrosmose

Wenn feinporige Membranen, z. B. Zellwände von Lebewesen, Lösungen mit unterschiedlichen Salzkonzentrationen voneinander trennen, dann gehen bei entsprechender Porengröße Moleküle des Lösungsmittels (Wasser) von einer Seite auf die andere über und zwar so, daß die Konzentrationen auf beiden Seiten der Membranen einander angeglichen werden. Diesen Vorgang nennt man **Osmose,** er läuft in allen lebenden Organismen vielfältig ab.

Die **Umkehrosmose** ist ein Verfahren zur Verringerung des Salzgehaltes im Wasser. Dabei wird salzreiches Wasser unter hohem Druck an künstlichen Membranen vorbeigeleitet, die so beschaffen sind, daß sie für das reine Wasser und die darin gelösten Gase (Sauerstoff, Kohlenstoffdioxid, Stickstoff) gut durchlässig sind, aber kaum durchlässig für die im Wasser gelösten Salze. Das Verfahren wird sinngemäß auch **Hyperfiltration** genannt.

Bei Membranen mit größerer Durchlässigkeit (also größeren Poren) reichen vergleichsweise kleinere Drücke, aber nur Stoffe mit größeren Molekülen, beispielsweise Huminsäuren, können zurückgehalten werden. Je nach Durchlässigkeit der Membranen spricht man von Ultra-, Mikro- oder Cross-Flow-Filtration.

Ungelöste Stoffe (Feststoffe)

Sammelbezeichnung für Substanzen, die sich im Wasser befinden und im wesentlichen durch mechanische Verfahren (z.B. Rechen, Siebe, Absetzanlagen, Filter) abgetrennt werden können. Im Trinkwasser dürfen ungelöste Stoffe nicht enthalten sein (DIN 2000).

UV-Absorptionsvermögen

Bestimmte gelöste chemische Stoffe, vor allem organischer Art, absorbieren ultraviolettes Licht entsprechender Wellenlänge. Für viele Wässer wurde eine gewisse Proportionalität zum → DOC (gelöster organischer Kohlenstoff)festgestellt. Da die photometrische Messung relativ einfach ist, eignet sie sich zur Beobachtung der Wirkung von Aufbereitungsprozessen zur Entfernung von organischen Wasserinhaltsstoffen.

Praktische Erfahrungen haben zur Festlegung der Wellenlänge von 254 nm geführt. Das Meßergebnis wird auf eine Schichtlänge von 1 m bezogen und ausgegeben als **Spektraler Absorptionskoeffizient bei 254 nm Wellenlänge (SAK 254) je Meter.**

V

Verockerung

ist die Abscheidung von unlöslichen Eisen- und Manganoxiden, z. B. in den Schlitzen von Brunnenfilterrohren. Sie kann nach und nach zu erheblichen Beeinträchtigungen der Ergiebigkeit eines Grundwasserbrunnens führen. → Eisenbakterien.

Verordnung über Trinkwasser und über Wasser für Lebensmittelbetriebe (Trinkwasserverordnung-TrinkwV)

vom 31.01.75, novelliert zum 01.10.86, erneut novelliert am 12.12.90 (in Kraft seit dem 01.01.91). Erneute Änderung zur Anpassung an die geänderten EU-Richtlinien ist in Kürze zu erwarten.

In der Trinkwasserverordnung sind vor allem Vorschriften sowie Richtwerte und Grenzwerte zur Trinkwasserbeschaffenheit in hygienischer und chemischer Hinsicht festgelegt, außerdem zugelassene Zusatzstoffe zur Trinkwasseraufbereitung. Ebenso sind die Pflichten des Betreibers der jeweiligen Trinkwasserversorgungs-Anlage (vor allem Art, Umfang und Häufigkeit der erforderlichen Wasseruntersuchungen) und die Überwachung der Anlagen durch die Gesundheitsämter genau geregelt.

Verzinkung

von Rohren und anderen Teilen aus Stahl oder Eisen dient dem Korrosionsschutz an der Oberfläche (→ Zink). Das Zink korrodiert allerdings rasch zu einer porösen Schicht aus Zinkoxid, die vom Wasser abgetragen wird. Bei ungleichmäßiger (= schlechter) Verzinkung bilden sich zerklüftete Deckschichten, die in größerem Umfang abplatzen können und das sogenannte **Zinkgeriesel** ergeben.

Wichtig im Trinkwasserbereich ist die Beachtung der **DIN 2444!**

Viren

sind Krankheitserreger an der Grenze zwischen belebter und unbelebter Substanz, die mit infiziertem Trinkwasser übertragen werden können. Beispielsweise Hepatitis (Gelbsucht) und Poliomyelitis (Kinderlähmung) werden von Viren verursacht.

W

Waschmittelgesetz → Wasserhärte

Wasser

ist eine geschmack- und geruchlose, durchsichtig klare und farblose Flüssigkeit, die entsteht, wenn 2 Teile Wasserstoff mit einem Teil Sauerstoff reagieren (Knallgas!). Wasser ist wichtigster Stoff („Lebensmittel Nr.1“) für die Existenz aller Lebewesen und kann nicht ersetzt werden.

Das auf der Erdoberfläche und im Untergrund vorkommende natürliche Wasser ist nie chemisch rein, sondern enthält zahlreiche anorganische und organische Substanzen. Man kann einteilen nach Vorkommen (z.B. Oberflächenwasser, Quellwasser, Grundwasser), nach Verwendung und Zustand (Trinkwasser, Brauchwasser, Abwasser), nach Inhaltsstoffen (z.B. Mineralwasser, Salzwasser, Süßwasser).

Wasseraufbereitung

ist die Fach-Bezeichnung für alle Maßnahmen zur Verbesserung der Trinkwasserbeschaffenheit. Möglich ist sowohl die Zugabe von Stoffen (z. B. Chlor zur → Desinfektion) als auch die Entnahme von Stoffen (z. B. Kohlenstoffdioxid, teilweise, zur → Entsäuerung).

Keineswegs alle natürlichen Wässer müssen aufbereitet werden, um die Anforderungen der Trinkwasser-Verordnung zu erfüllen. Die zur Trinkwasseraufbereitung zugelassenen Stoffe sind in der TrinkwV, Anlage 3, angegeben.

Wasserfärbung → Färbung, → Eisen und → Mangan

Wasserhärte

wird hervorgerufen durch Calcium- und Magnesiumsalze. Sie ist die Ursache für Ablagerungen in Rohren, Kesseln und sonstigen Gefäßen. Mit der Härte erhöht sich der Seifenverbrauch, weil sich mit → Seife unlösliche und für den Waschvorgang unbrauchbare sogenannte Kalkseifen bilden.

Zu unterscheiden ist zwischen Karbonathärte und Nichtkarbonathärte.

Die **Karbonathärte** (→ Carbonate) wird gebildet durch die Calcium- und Magnesiumsalze der → Kohlensäure und häufig als 'Vorübergehende Härte' bezeichnet. Dieser Begriff ist irreführend, besser wäre 'Unbeständige Härte'. Calcium- und Magnesiumcarbonate fallen bei der Erhitzung von Wasser teilweise aus und schlagen sich an den Wänden von Rohren und Gefäßen nieder (Kesselsteinbildung) (→ Calcit-Sättigung). Dadurch können sich in Haushalten und bei der Industrie erhebliche Schwierigkeiten ergeben.

Andererseits ist mit Rücksicht auf die **Schutzschichtbildung** in verzinkten Rohren und Kesseln eine **Karbonathärte von mindestens 1 mmol/l (etwa 2,8 deutsche Härtegrade)** wünschenswert, bei unlegierten und niedrig legierten Eisenwerkstoffen (z. B. bei Gußrohren) nach DIN 50 930, Teil 2, etwa das Doppelte.

Die Karbonathärte wird heute meist **Härtehydrogencarbonat** genannt und ist näherungsweise aus der → Säurekapazität bis pH 4,3 errechenbar, dabei entspricht 1 mol/m^3 = 2,8 °dH.

Die **Nichtkarbonathärte** wird hervorgerufen durch die anderen Calcium- und Magnesiumsalze, vor allem durch Gips $CaSO_4$ (→ Sulfate), und meist als 'Bleibende Härte' bezeichnet. Richtig wäre hier 'Beständige Härte', weil sie sich bei der Erhitzung des Wassers nicht ändert. Beim Eindampfen von Wasser bleiben aber selbstverständlich die Sulfate ebenso wie die Carbonate und alle anderen Salze im Gefäß zurück.

Die **Gesamthärte** entspricht der Summe aus Karbonathärte und Nichtkarbonathärte. Andererseits ist die Gesamthärte die Summe der Calcium- und Magnesium-Ionenkonzentrationen (Summe Erdalkalien) in Millimol je Liter (mmol/l).

Milchige Trübungen die zuweilen nach der Wasserentnahme aus einem Hahn beobachtet werden, hängen nicht mit der Härte zusammen. Sie werden üblicherweise von kleinen Luftbläschen verursacht und verschwinden rasch. Wenn Rohrnetz und Hausanlage richtig entlüftet sind, treten solche Trübungen in der Regel nicht auf.

Als Maß für die Wasserhärte ist der früher übliche **Deutsche Härtegrad (°dH)** aufgrund des Einheitengesetzes von 1969 nicht mehr für den „geschäftlichen und amtlichen Verkehr" zugelassen, wird aber in der Praxis noch oft verwendet.

Umrechnung (nur für Gesamthärte!):

	°dH	mmol/l	mg/l Ca^{2+}	mg/l Mg^{2+}
1 °dH →	1	0,17857	7,14	4,3
1 mmol/l →	5,6	1	40,1	24,3

Nach dem **Waschmittelgesetz** (Gesetz über die Umweltverträglichkeit von Wasch- und Reinigungsmitteln) müssen auf den Waschmittelpackungen Dosierempfehlungen für 4 Härtebereiche angegeben werden. Der Wasserlieferant (z.B. die Stadtwerke) muß dem Kunden mindestens einmal jährlich den Härtebereich des gelieferten Wassers mitteilen. Dies erfolgt meist zusammen mit der Jahresabrechnung.

Als **Härtebereiche** sind festgelegt:

1	Gesamthärte	0 bis 1,3 mmol/l	(0 bis 7 °dH)
2	"	über 1,3 bis 2,5 mmol/l	(über 7 bis 14 °dH)
3	"	über 2,5 bis 3,8 mmol/l	(über 14 bis 21 °dH)
4	"	über 3,8 mmol/l	(über 21 °dH)

Für gesundheitliche Gesichtspunkte ist die Härte nicht wesentlich, aber hartes Wasser schmeckt meist besser als weiches Wasser ohne Kohlensäure. Für öffentliche Wasserversorgungsanlagen wird Wasser mit einer Gesamthärte von etwa 0,9 bis 1,8 mmol/l (etwa 5 bis 10 °dH) als besonders günstig und Wasser bis zu einer Gesamthärte von 5,4 mmol/l (30 °dH) als brauchbar angesehen.

Die Beseitigung der Härte **(Entcarbonisierung oder Teilentcarbonisierung)** ist technisch kein Problem, verursacht aber erhebliche Kosten. Für kleine zentrale Anlagen kommt die Enthärtung aus wirtschaftlichen Gründen in der Regel nicht in Betracht. → Enthärtung.

Die **Zugabe von → Phosphaten** (zentral oder in den einzelnen Häusern) ändert an der Härte selbst nichts, sondern soll die Steinbildung verhindern, d. h. das Ausfallen von Calcium- und Magnesiumcarbonaten bei erhöhten Temperaturen. Eine einwandfreie Dosierung der Phosphate ist wichtig. Die Zweckmäßigkeit sollte im einzelnen Fall geprüft werden. Hohe Phosphatgehalte können Korrosion verursachen. Grenzwert nach TrinkwV beachten! Siehe auch → Eutrophierung.

Wasserhaushaltsgesetz-WHG

Das (im vollen Wortlaut) „Gesetz zur Ordnung des Wasserhaushalts" ist das Rahmengesetz des Bundes für die Wassserwirtschaft. Es wird durch die in den einzelnen Bundesländern unterschiedlichen Landes-Wassergesetze – z.B. Wassergesetz (WG) für Baden-Württemberg usw.– ergänzt.

Wasserpfennig → Schutzgebiets- und Ausgleichsverordnung

Wasserschutzgebiete

sollen bewirken, daß in Einzugsgebieten von Trinkwassergewinnungsanlagen Gefährdungen und nachteilige Veränderungen des Wasssers vermieden werden. Sie sind in Schutzzonen mit abgestuften Nutzungseinschränkungen unterteilt. Die Größe der Schutzzonen muß sich nach den geologischen und hydrologischen Verhältnissen richten, ist also von Fall zu Fall sehr unterschiedlich.

Rechtsgrundlagen für Wasserschutzgebiete sind das → Wasserhaushaltsgesetz WHG des Bundes (§ 19) sowie die Wassergesetze der Bundesländer, z.B. in Baden-Württemberg WG § 24.

Technische Regeln für Wasserschutzgebiete sind in den Arbeitsblättern W 101, W 102 und W 103 des DVGW angegeben.

Wasserstoffperoxid

früher meist Wasserstoffsuperoxyd genannt, ist eine farblose Flüssigkeit, die als wirksames Oxidationsmittel (durch abspalten eines Sauerstoffatoms) zur Desinfektion und zum Bleichen verwendet wird. In der Trinkwasseraufbereitung darf Wasserstoffperoxid zur → Oxidation eingesetzt werden.

Wasseruntersuchung

Der „Unternehmer oder sonstige Inhaber einer Wasserversorgungsanlage" (also z.B. die Gemeinde) muß entsprechend der TrinkwV regelmäßig (und bei besonderem Anlaß auf Anordnung der Aufsichtsbehörde) Wasseruntersuchungen durchführen oder durchführen lassen und damit nachweisen, daß die Festlegungen der Trinkwasserverordnung eingehalten sind (TrinkwV § 10 und § 11).

Zu unterscheiden ist dabei zwischen

a) **den mikrobiologischen Untersuchungen** (→ Bakterien, → Coli-Bakterien, → Viren) und

b) **den physikalischen, physikalisch-chemischen und chemischen Untersuchungen.**

Umfang und Häufigkeit der Untersuchungen sind, abhängig von Zeitraum und umgesetzter Wassermenge, in Anlage 5 der TrinkwV festgelegt. Die zuständige Aufsichtsbehörde kann bei entsprechendem Anlaß zusätzliche Untersuchungen verlangen.

Z

Zink

ist ein Metall und kommt in der Natur vor allem in Mineralien (Erzen) vor. Der Zinkgehalt von Böden liegt meist zwischen 10 und 300 mg je kg Boden. Zink wird vor allem als Korrosionsschutz zur → Verzinkung von Eisen und Stahl, als Legierungsbestandteil und als Zinkblech verwendet. Daneben werden Zinkverbindungen als Farbstoffpigment, als Holzimprägnierungsmittel, bei der Reifen- und der Zelluloseherstellung und in der Medizin verwendet.

Im Trinkwasser kann Zink als Korrosionsprodukt von verzinkten Stahlrohrleitungen auftreten. Zink ist für den Menschen ein essentielles Spurenelement (Bestandteil von Enzymen, Insulin-Aktivierung, Stoffwechsel von Amino- und Nukleinsäuren, Hormonhaushalt). Vergiftungen können nur bei hohen Dosen auftreten. Umstritten ist die Rolle des Zinks bei der Entstehung von Krebs. Zink verleiht dem Wasser bei Konzentrationen ab 2 mg/l einen bitteren Geschmack.

Richtwert nach TrinkwV: 5 mg/l. Er gilt nach Stagnation (Stillstand des Wassers im Leitungsnetz) von 12 Stunden. In den ersten zwei Jahren nach Inbetriebnahme der Installation gilt der Richtwert ohne Berücksichtigung der Stagnation.

Zinkgeriesel → Verzinkung

Zusatzstoffe → Lebensmittelgesetz → Informationspflicht